中学基礎がため100%

できた！ 中2数学

計算・関数

計算・関数 │本書の特長と使い方

本シリーズは，十分な学習量による繰り返し学習を大切にしているので，
中2数学は「計算・関数」と「図形・データの活用」の2冊構成となっています。

1 例などを見て，解き方を理解	新しい解き方が出てくるところには「例」がついています。 1問目は「例」を見ながら，解き方を覚えましょう。
2 1問ごとにステップアップ	問題は1問ごとに少しずつレベルアップしていきます。 わからないときには，「例」や少し前の問題などをよく見て考えましょう。
3 答え合わせをして，考え方を確認	別冊解答には，「答えと考え方」が示してあります。 解けなかったところは「考え方」を読んで，もう一度やってみましょう。

▼ 問題ページ

新しい内容は，例を見ながら問題を解く。

答えを直接書き込む《書き込み式》

問題は1問ごと，1回ごとに少しずつステップアップ。

▼ 別冊解答

わからなかったところは別冊解答の「答」と「考え方」を読んで直す。

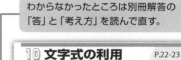
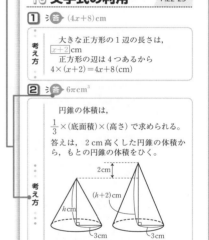

問題の途中に，下記マークが出てきます。
それぞれには，たいせつなことがらが書かれていますから役立てましょう。

Memo …… は暗記しておくべき公式など

ポイント …… はここで学習する重要なポイント

ヒント …… は問題を解くためのヒント

注意 …… は間違えやすい点

╲ テスト前に、4択問題で最終チェック！ ╱

テスト前5科4択 **4択問題アプリ「中学基礎100」**

・くもん出版アプリガイドページへ
≫≫≫ 各ストアからダウンロード

「中2数学」パスワード **8236547**

＊「中学基礎100」アプリは無料ですが，ネット接続の際の通話料金は別途発生いたします。

計算・関数 目次

『教科書との内容対応表』から，自分の教科書の部分を切りとってここにはりつけ，学習するときのページ合わせに活用してください。

 多項式の計算①

1 次の計算をしなさい。 ……………………… (1)〜(10) 各 **3** 点　(11)〜(13) 各 **5** 点

例

> ・$2a+3a=5a$
> ・$5a+2b+3a=8a+2b$

(1)　$2a+4a=$

(2)　$2a-4a=$

(3)　$2a+5b+4a=$

(4)　$5a+4b+2a=$

(5)　$4a+b+a=$

(6)　$4a+2b+3a=$

(7)　$4a-2b+3a=$

(8)　$8a-2b+3a=$

(9)　$8a+2b-3a=$

(10)　$5a+2b-3a=$

(11)　$4a+5b+3a+4b=$

(12)　$4a+5b-3a-4b=$

(13)　$-4a-5b+3a-4b=$

2 次の計算をしなさい。 ・・・・・・・・・・・・・・・・・・・・・・・・・・・ 各**5**点

(1) $x-3y+2x-4y=$

(2) $x-3y-x+4y=$

(3) $5x+y+3+7x+2y+7=\boxed{}x+\boxed{}y+\boxed{}$

(4) $5a-3b-4+7a+3b+9=$

(5) $-x+4y-3-3y+4x+4=$

(6) $6x^2-3x-2x^2+5x=\boxed{}x^2+\boxed{}x$

(7) $x^2+2x+3+2x^2+4x+5=$

(8) $x^2-2x-3+2x^2+4x-5=$

(9) $xy+4x+6xy-x-7=\boxed{}xy+\boxed{}x-\boxed{}$

(10) $0.5x^2-0.6x-1.6x^2+7.2x=$

(11) $\dfrac{1}{2}a^2-\dfrac{1}{3}a+\dfrac{7}{4}a+\dfrac{8}{3}a^2=$

1 次の計算をしなさい。 ‥‥‥‥‥‥‥ 各**5**点

例

$$(a+2b)+(5a+3b)=a+2b+5a+3b$$
$$=6a+5b$$

(1)　$(3a+5b)+(a+4b)=$

(2)　$(3a-5b)+(a+4b)=$

(3)　$(a-b)+(3a+2b)=$

(4)　$(5a-6)+(4a-9)=$

(5)　$(2x-3)+(5x+2)=$

(6)　$(4x-3y)+(2x-4y)=$

(7)　$(3a+2b)+(-2a+4b)=$

(8)　$(3a+2b)+(-2a-4b)=$

2 次の計算をしなさい。 ....

(1) $(-3a+b)+(2a+5b)=$

(2) $(-3a+b)+(2a-5b)=$

(3) $(4a+7b+3)+(-2a+b-4)=$

(4) $(6x+3y+3)+(x-3y+5)=$

(5) $(3x^2-2x-4)+(x^2-3x+1)=$

(6) $(-2a^2+2ab-3b^2)+(a^2+5ab+3b^2)=$

(7) $\left(\dfrac{3}{5}x-y\right)+\left(\dfrac{2}{5}x-\dfrac{1}{2}y\right)=$

3 次の計算をしなさい。 ....

例

$$\begin{array}{r} 4x+5y \\ +\,)\ 2x-3y \\ \hline 6x+2y \end{array}$$

(1)
$$\begin{array}{r} 3a-5b \\ +\,)\ 2a-\ b \\ \hline \end{array}$$

(2)
$$\begin{array}{r} 2x-3y+5 \\ +\,)\ -3x+5y-3 \\ \hline \end{array}$$

(3)
$$\begin{array}{r} -\ x^2+3x-4 \\ +\,)\ \ 5x^2-\ x+2 \\ \hline \end{array}$$

多項式の計算③

 月　日　 点　答えは別冊2ページ

1 次の計算をしなさい。 ……………………………………………… 各5点

> **例**
>
> ・$-(2a+b-3c)=-2a-b+3c$
> ・$(3a+5b)-(2a-3b)=3a+5b-2a+3b$
> $=a+8b$

(1) $(3a+5b)-(2a-4b)=$

(2) $(2x-3y)-(4x+3y)=$

(3) $(4x-2y)-(2x+3y)=$

(4) $(3a-2b)-(5a-8b)=$

(5) $(-2a+3b)-(a-3b)=$

(6) $(x-10)-(-5x+2)=$

(7) $(4x-3y)-(-2x-4y)=$

(8) $(-5x+9a)-(-7x-16a)=$

2 次の計算をしなさい。 ┈┈┈┈┈┈┈┈┈┈┈┈┈┈┈┈┈

(1) $(5a-6b)-(-3a+2b)=$

(2) $(-25x^2+37x)-(18x^2-25x)=$

(3) $(3x^2-2x-4)-(x^2-3x+1)=$

(4) $(5x^2-3x-1)-(-2x^2-5x-1)=$

(5) $(-15x^2+7x-3)-(3-5x+7x^2)=$

(6) $(4a^2-5ab+3b)-(-4a^2+2ab+3b)=$

(7) $\left(x+\dfrac{1}{3}y\right)-\left(\dfrac{3}{2}x-\dfrac{5}{4}y\right)=$

3 次の計算をしなさい。 ┈┈┈┈┈┈┈┈┈┈┈┈┈┈┈┈┈

例

$$\begin{array}{r} -3x+4y \\ -)\ -2x+6y \\ \hline -\ x-2y \end{array}$$

(1)
$$\begin{array}{r} -4x-y \\ -)\ -4x+y \\ \hline \end{array}$$

(2)
$$\begin{array}{r} 4x-2y+3 \\ -)\ \ x-6y+5 \\ \hline \end{array}$$

(3)
$$\begin{array}{r} 3x^2-5x+2 \\ -)\ -2x^2+3x-4 \\ \hline \end{array}$$

多項式の計算④

1 次の計算をしなさい。 ·· 各**5**点

> **例**
>
> ・$3(2a+4b)=3×2a+3×4b=6a+12b$
> ・$-3(2a-3b)=-3×2a+(-3)×(-3b)=-6a+9b$

(1)　$4(2a+b)=$

(2)　$3(2a+5b)=$

(3)　$2(a-3b)=$

(4)　$2(3a-5b+1)=$

(5)　$3(-4a+b)=$

(6)　$3(-a+b)=$

(7)　$-2(x+2)=$

(8)　$-5(3x-y+2z)=$

(9)　$-2(-x+2y)=$

(10)　$-(-5x-a)=$

(11)　$\left(\dfrac{a}{3}-\dfrac{b}{6}\right)×12=$

(12)　$18\left(-\dfrac{x}{6}+\dfrac{2}{9}y\right)=$

(13)　$-9\left(\dfrac{1}{3}x+\dfrac{1}{6}y\right)=$

(14)　$\dfrac{1}{3}(9x-6y-3)=$

次の計算をしなさい。 ·· 各 **5** 点

$$(12x - 8y) \div 2 = \frac{12x}{2} - \frac{8y}{2}$$
$$= 6x - 4y$$

(1) $(6x - 9y) \div 3 =$

(2) $(10a + 5b) \div 5 =$

(3) $(24a - 8b) \div 4 =$

(4) $(21x - 15y + 12) \div 3 =$

(5) $(18x + 6y - 30) \div 6 =$

(6) $(14a + 10b + 12) \div 8 =$

5 多項式の計算⑤

1 次の計算をしなさい。 ・・・・・・・・・・・・・・・・・・ 各**6**点

> **例**
>
> $2(a+3b)+3(2a-b)=2a+6b+6a-3b=8a+3b$
> $2(a+3b)-3(2a-b)=2a+6b-6a+3b=-4a+9b$

(1) $2(3a-b)+3(a+2b)=$

(2) $3(2x-5y)+2(x+y)=$

(3) $2(3a-b)-3(a+2b)=6a-2b-\boxed{}a-\boxed{}b$

$\qquad\qquad=$

(4) $3(5x-y)-2(x-2y)=$

2 次の計算をしなさい。 ・・・・・・・・・・・・・・・・・・ 各**7**点

(1) $4(a+1)+2(2a+b-4)=$

(2) $3(x-3y)+2(2x-y+1)=$

(3) $3(x-3y)-2(2x-y+1)=$

(4) $6(4x+y-2)-3(2x-3y+1)=$

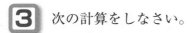 次の計算をしなさい。

(1) $\dfrac{a+b}{3}+\dfrac{2a-b}{6}$

$=\dfrac{\boxed{}(a+b)}{6}+\dfrac{2a-b}{6}$

$=\dfrac{\boxed{}(a+b)+2a-b}{6}$

$=\dfrac{\boxed{}+2a-b}{6}$

$=$

(2) $\dfrac{3x-5y}{2}+\dfrac{x+4y}{3}$

$=$

(3) $\dfrac{3a+2b}{4}-\dfrac{a+3b}{2}$

$=$

(4) $\dfrac{4a-b}{5}-\dfrac{2a-5b}{3}$

$=$

(5) $\dfrac{2x-3y}{6}-\dfrac{x+7y}{4}$

$=$

(6) $2(x-y)-\dfrac{8x-7y}{9}$

$=$

単項式の乗除①

1 次の計算をしなさい。 ……………………… (1)，(2) 各**2**点 (3)〜(14) 各**3**点

> **例**
> ・$a \times 3b = 3ab$
> ・$2a \times 3b^2 = 6ab^2$
> ・$3x \times (-6y) = 3 \times (-6) \times x \times y = -18xy$

(1) $a \times 2b =$

(2) $3a \times 5b =$

(3) $5a \times 4b^2 =$

(4) $8a \times 3c^2 =$

(5) $3a \times 5a =$

(6) $4a \times 8a =$

(7) $(-3x) \times 2y =$

(8) $7x \times (-2y) =$

(9) $3ab \times (-2x) =$

(10) $(-6x) \times (-5y) =$

(11) $4xy \times \dfrac{3}{2}z =$

(12) $\left(-\dfrac{2}{3}m\right) \times 4xy =$

(13) $x^2 \times x^6 =$

(14) $x^3 \times x =$

次の計算をしなさい。 ⋯⋯⋯⋯⋯⋯⋯⋯⋯⋯⋯⋯⋯⋯⋯⋯⋯⋯⋯⋯ 各4点

例

・$3x^2 \times (-5x^6) = -15x^8$

・$3a^2b \times 4a^3 = 12a^5b$

(1)　$4x^3 \times (-3x^4) =$

(2)　$3a^4 \times 5a^2 =$

(3)　$-3a^2 \times 2a^3 =$

(4)　$2x \times x^3 =$

(5)　$3a^3 \times 2a^2 =$

(6)　$(-3x^2) \times (-7x) =$

(7)　$2x \times \left(-\dfrac{3}{2}x^2\right) =$

(8)　$\dfrac{2}{3}a^3 \times 6a =$

(9)　$2a^5b^3 \times b =$

(10)　$4ab \times 3a^2 =$

(11)　$-3ab \times 6a^2 =$

(12)　$-3 \times a^2 \times 2b^2 =$

(13)　$4xy \times 7x^2 =$

(14)　$4x^2y \times (-3xy) =$

(15)　$(-9ab^3) \times \left(-\dfrac{1}{3}a^3b\right) =$

1 次の計算をしなさい。 ．．．．．．．．．．．．．．．．．．．．．．．．．．． 各**5**点

例

$$\cdot\ a^5 \div a^3 = \frac{a^5}{a^3} = \frac{a \times a \times a \times a \times a}{a \times a \times a} = a^2$$

$$\cdot\ a^2 \div a^5 = \frac{a^2}{a^5} = \frac{a \times a}{a \times a \times a \times a \times a} = \frac{1}{a^3}$$

(1)　$a^7 \div a^4 =$

(2)　$a^4 \div a^7 =$

(3)　$x^6 \div x^2 =$

(4)　$x^2 \div x^6 =$

(5)　$3x \div x =$

(6)　$-14a \div 7a =$

(7)　$16x^3 \div 8x = \dfrac{16x^3}{8x}$

　　　　$=$

(8)　$15a^4 \div 3a^2 =$

(9)　$6x^2y \div (-3xy) = -\dfrac{6x^2y}{3xy}$

　　　　　　　$=$

(10)　$6x^2y \div (-3xy)^2 =$

(11)　$7x^2 \div \left(-\dfrac{7}{3}x\right) = -\left(7x^2 \times \dfrac{3}{7x}\right)$

　　　　　$=$

(12)　$-\dfrac{5}{12}ab \div \left(-\dfrac{3}{4}b\right)$

　　　$= \dfrac{5ab}{12} \times \dfrac{4}{3b}$

　　　$=$

2 次の計算をしなさい。 各**5**点

> **例**
>
> ・$-4xy \times 6x \div (-2y) = \dfrac{4xy \times 6x}{2y} = 12x^2$
>
> ・$\dfrac{2}{3}a^2 \div \left(-\dfrac{2}{5}ab\right) \times \dfrac{3}{5}b = -\dfrac{2a^2 \times 5 \times 3b}{3 \times 2ab \times 5} = -a$

(1) $2xy \times (-3x) \div (-4y) =$

(2) $4ab \times (-3a) \div 6b =$

(3) $9x^2 \div (-6x) \times (-4x) =$

(4) $24xy^2 \div 6y \div (-2x) =$

(5) $8ab^2 \times \left(-\dfrac{5}{3}b\right) \div \dfrac{5}{6}ab =$

(6) $\dfrac{2}{3}a^4b^4 \times (-3a^2b) \div \dfrac{1}{4}a^5b^7 =$

(7) $\left(-\dfrac{3}{5}x^4y^2\right) \times (-10x^2y^4) \div \left(-\dfrac{2}{3}x^3y^2\right) =$

(8) $\left(-\dfrac{3}{5}x^4y^2\right) \div \dfrac{2}{3}xy \div \left(-\dfrac{5}{6}x^2\right) =$

式の計算の応用①

 $a=3$, $b=4$ のとき，次の式の値を求めなさい。 ・・・・・・・・・ 各**6**点

 例

> $a=3$, $b=4$ のとき
> $\quad 2(a-2b)+3(2a+b)$
> $=2a-4b+6a+3b$
> $=8a-b=8\times3-4$
> $=20$

式を計算してから
代入するんだね。

(1)　$3(a-b)+2(3a+b)$
　　$=$

(2)　$3(a-b)-2(3a+b)$
　　$=$

(3)　$2(3a+b)+4(-a+2b)$
　　$=$

(4)　$-2(3a-b)+4(a-2b)$
　　$=$

2 $x=2$, $y=-3$ のとき，次の式の値を求めなさい。 ・・・・・・・・・ 各**6**点

(1)　$3(2x-3y)+2(2x-5y)$
　　$=$

(2)　$3(2x-3y)-2(2x-5y)$
　　$=$

3 $a=\dfrac{1}{2}$, $b=3$ のとき，次の式の値を求めなさい。 各**8**点

(1) $2(a-3b)+4(a+2b)$

$=$

(2) $3(2a-b)-2(a-3b)$

$=$

(3) $(-a)^2-3(a^2-2b)$

$=$

(4) $2(a^2-b)-(a^2-4b)$

$=$

4 $x=-3$, $y=4$ のとき，次の式の値を求めなさい。 各**8**点

(1) $4x^2\times6xy^2\div8y$

$=$

(2) $x^2y\div(-y^2)\times(-2xy)$

$=$

(3) $-24x\div\dfrac{6}{7}xy\times\left(-\dfrac{1}{4}x\right)$

$=$

(4) $\dfrac{5}{3}x^2y\div\dfrac{6}{5}y\div\left(-\dfrac{2}{3}x\right)$

$=$

式の計算の応用②

1 次の等式を〔　〕の中の文字について解きなさい。 ・・・・・・・・・・・・・・・・・・・・・・ 各**6**点

例
$$S=xy \quad 〔x〕$$
$$xy=S \quad （両辺を入れかえる）$$
$$x=\frac{S}{y} \quad （両辺をyでわる）$$

例
$$m=\frac{1}{3}x^2y \quad 〔y〕$$
$$x^2y=3m \quad （両辺を入れかえて3倍する）$$
$$y=\frac{3m}{x^2} \quad （両辺をx^2でわる）$$

(1)　$y=\dfrac{x}{4}$　〔x〕

(2)　$x=vt$　　　〔t〕

[　　　　　　　] 　　　　[　　　　　　　]

(3)　$\ell=2\pi r$　〔r〕

(4)　$V=\dfrac{4}{3}ab^2$　〔a〕

[　　　　　　　] 　　　　[　　　　　　　]

例
$$2x-3y=12 \quad 〔y〕$$
$$-3y=-2x+12 \quad （2xを移項する）$$
$$y=\frac{-2x+12}{-3}=\frac{2}{3}x-4 \quad （両辺を-3でわる）$$

(5)　$3x+2y=4$　〔y〕

(6)　$4x-y=8$　〔x〕

[　　　　　　　] 　　　　[　　　　　　　]

(7)　$4a-3b+9=0$　〔b〕

(8)　$a+b+c=180$　〔c〕

[　　　　　　　] 　　　　[　　　　　　　]

2 次の等式を〔 〕の中の文字について解きなさい。

(1)〜(4) 各 **7** 点　(5)〜(7) 各 **8** 点

例

$$\ell = 2(m+n) \quad [m]$$

$$m+n = \frac{\ell}{2} \qquad (両辺を入れかえて2でわる)$$

$$m = \frac{\ell}{2} - n \quad (n を移項する)$$

(1)　$c = 3(a+b)$　〔a〕

(2)　$S = 2(x+y+z)$　〔z〕

[　　　　　]　　　　　[　　　　　]

(3)　$m = \dfrac{a+b}{2}$　〔a〕

(4)　$M = \dfrac{2(x+y+z)}{3}$　〔x〕

[　　　　　]　　　　　[　　　　　]

例

$$V = \frac{(x+y)z}{3} \quad [y]$$

$$(x+y)z = 3V$$

$$x+y = \frac{3V}{z}$$

$$y = \frac{3V}{z} - x$$

(5)　$S = \dfrac{(a+b)h}{2}$　〔b〕

[　　　　　]

(6)　$M = \dfrac{3(x+y)}{z}$　〔y〕

(7)　$z = 3(2x+y) - 12$　〔y〕

[　　　　　]　　　　　[　　　　　]

10 文字式の利用

1 右の図のように，1辺 x cm の正方形のまわりに，すきま 1 cm をあけて大きな正方形をかくと，その正方形のまわりの長さは何 cm になるか求めなさい。 **20点**

〔解〕　大きな正方形の1辺の長さは

　　　　$\boxed{}$ cm

$$\Big[\Big]$$

2 右の図は，底面の円の半径が 3 cm，高さが h cm の円錐である。この円錐の高さを 2 cm 高くすると，体積は何 cm^3 大きくなるか求めなさい。 **24点**

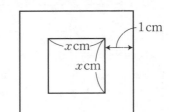

$$\Big[\Big]$$

3 右の図の長方形ABCDは AB＝$4a$ cm，BC＝$2a$ cm である。長方形ABCDを，辺ABを軸として1回転させてできる立体をア，辺BCを軸として1回転させてできる立体をイとする。アとイでは，どちらの体積が何 cm^3 大きいか求めなさい。 **24点**

ヒント $V=\pi r^2 h$

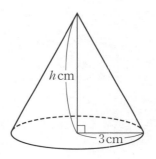

$$\Big[\Big]$$

4 一の位が0でない2けたの自然数と，その数の一の位の数と十の位の数を入れかえてできる自然数との和は11の倍数になることを，次のように説明した。□ をうめなさい。 $\cdots\cdots$ 各 **2** 点

〔説明〕 もとの自然数の十の位の数を x，一の位の数を y とすると，

　もとの自然数は

$$\boxed{}x+y \quad \cdots\cdots ①$$

と表される。

　その数の十の位の数と一の位の数を入れかえた自然数は

$$\boxed{}y+x \quad \cdots\cdots ②$$

と表される。

　①と②の和は

$$\left(\boxed{}x+y\right)+\left(\boxed{}y+x\right)$$

$$=\boxed{}x+\boxed{}y$$

$$=\boxed{}(x+y) \quad \cdots\cdots ③$$

　ここで，$x+y$ は整数だから，③は $\boxed{}$ の倍数である。

5 偶数と奇数の和は奇数になることを，次のように説明した。□ をうめなさい。
$\cdots\cdots$ 各 **2** 点

〔説明〕 m，n を整数とすると，

　偶数は $\boxed{}m$

　奇数は $\boxed{}n+1$

と表される。

　その和は

$$\boxed{}m+\left(\boxed{}n+1\right)$$

$$=\boxed{}m+\boxed{}n+1$$

$$=\boxed{}(m+n)+1 \quad \cdots\cdots ①$$

　ここで，$m+n$ は整数だから，①は $\boxed{}$ である。

1 次の計算をしなさい。 各**4**点

(1)　$5a+2b-3a-4b=$

(2)　$-3x-2y-5x+7y=$

(3)　$2x^2-5x-1-5x^2+3x+4=$

(4)　$(4x-7y)+(x+3y)=$

(5)　$(6a+2b)-(-a+5b)=$

(6)　$(4x^2+3x-1)-(5x^2+7x-4)=$

(7)　$3(2a-b)+4(a+2b)=$

(8)　$2(3x+y-1)-3(x-2y+5)=$

(9)　$\dfrac{5x-2y}{6}-\dfrac{4x+y}{9}=$

 次の計算をしなさい。 ･････････････････････････････････

(1) $4a \times 3b =$

(2) $6x \times (-2y) =$

(3) $(-a)^2 \times 2a =$

(4) $(-3x^2) \times (-4xy) =$

(5) $x^4 \div x^2 =$

(6) $-15a^2 \div (-3a) =$

(7) $12x^2y \div (-4xy) =$

(8) $-\dfrac{3}{4}a^2b^3 \div \left(-\dfrac{2}{3}ab^2\right)$

$=$

(9) $3xy \times (-4x) \div (-6y) =$

(10) $\left(-\dfrac{4}{3}a^3b^2\right) \div \left(-\dfrac{5}{6}ab^3\right) \times \dfrac{5}{2}b^2 =$

3 次の問いに答えなさい。 ･････････････････････････････

(1) $a=-4$, $b=3$ のとき，$2(a-b)-3(a-2b)$ の値を求めなさい。

[   ]

(2) $3a=4(b+c)$ を c について解きなさい。

[   ]

月　日　 点　答えは別冊8ページ

1 次の連立方程式を，加減法で解きなさい。 …………………… 各**7**点

例

$$\begin{cases} 5x+2y=14 & \cdots\cdots① \\ 3x+2y=6 & \cdots\cdots② \end{cases}$$

〔解〕　①から②をひくと

$$2x=8$$
$$x=4 \cdots\cdots③$$

③を①に代入すると

$$5×4+2y=14$$
$$2y=-6$$
$$y=-3$$

答　$x=4,\ y=-3$

 ①から②をひいて，yを消去するのね。

注意　答えの書き方には
$(x,\ y)=(4,\ -3)$や$\begin{cases} x=4 \\ y=-3 \end{cases}$
とする表し方もある。

(1) $$\begin{cases} 7x+2y=12 & \cdots\cdots① \\ 5x+2y=8 & \cdots\cdots② \end{cases}$$

〔解〕　①−②　$2x=4$

$$x=\boxed{}$$

(2) $$\begin{cases} 8x+3y=30 \\ 5x+3y=21 \end{cases}$$

(3) $$\begin{cases} 5x+3y=11 \\ x+3y=7 \end{cases}$$

(4) $$\begin{cases} 5x+2y=9 \\ 3x+2y=7 \end{cases}$$

ヒント　2つの式をそのまま加えたりひいたりして，xかyどちらかの文字を消すことを考える。

次の連立方程式を，加減法で解きなさい。 ································· 各**9**点

(1) $\begin{cases} 2x+4y=16 \ \cdots\cdots① \\ 2x+y=7 \quad \cdots\cdots② \end{cases}$

〔解〕 ①－② $3y=9$

$y=\boxed{}$

(2) $\begin{cases} 2x-y=4 \\ 2x-5y=12 \end{cases}$

(3) $\begin{cases} 2x-3y=7 \\ 2x-5y=1 \end{cases}$

(4) $\begin{cases} x+5y=11 \\ x+3y=7 \end{cases}$

(5) $\begin{cases} 3x+7y=17 \\ 3x-2y=-1 \end{cases}$

(6) $\begin{cases} 3x+y=1 \ \cdots\cdots① \\ 3x-y=5 \ \cdots\cdots② \end{cases}$

〔解〕 ①－② $2y=-4$

(7) $\begin{cases} x+4y=6 \quad \cdots\cdots① \\ 2x+4y=4 \ \cdots\cdots② \end{cases}$

〔解〕 ②－① $x=-2$

(8) $\begin{cases} 2x+4y=-4 \\ 5x+4y=2 \end{cases}$

13 連立方程式の解き方②

1 次の連立方程式を，加減法で解きなさい。　　　　　　　　　各**8**点

(1) $\begin{cases} 5x-2y=14 \cdots\cdots① \\ 3x-2y=6 \ \cdots\cdots② \end{cases}$

〔解〕　①－②　$2x=8$
　　　　　　　　$x=4\cdots\cdots③$

③を①に代入すると

$\boxed{}-2y=14$

$\qquad -2y=-6$

$\qquad\quad y=\boxed{}$

(2) $\begin{cases} 8x-3y=30 \\ 5x-3y=21 \end{cases}$

(3) $\begin{cases} 7x-2y=12 \\ 5x-2y=8 \end{cases}$

(4) $\begin{cases} x-3y=7 \\ 5x-3y=11 \end{cases}$

(5) $\begin{cases} -2x+3y=7 \\ -2x+y=5 \end{cases}$

(6) $\begin{cases} -2x+y=-3 \\ -2x+5y=1 \end{cases}$

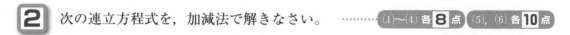

2 次の連立方程式を，加減法で解きなさい。 ·········· (1)～(4) 各**8**点 (5), (6) 各**10**点

(1) $\begin{cases} 2x+5y=9 \\ 2x+3y=7 \end{cases}$

(2) $\begin{cases} 3x+7y=11 \\ 3x-2y=-7 \end{cases}$

(3) $\begin{cases} -3x-2y=1 \\ -3x+4y=-11 \end{cases}$

(4) $\begin{cases} 2x-y=4 \\ -3x-y=-1 \end{cases}$

(5) $\begin{cases} 2x-3y=8 \\ 4x-3y=10 \end{cases}$

(6) $\begin{cases} -3x-2y=-1 \\ -3x+4y=11 \end{cases}$

連立方程式の解き方③

1 次の連立方程式を，加減法で解きなさい。 ・・・・・・・・・・・・・・・・・・・・ 各**7**点

例

$$\begin{cases} 3x+2y=7 \cdots\cdots① \\ x-2y=5 \quad\cdots\cdots② \end{cases}$$

〔解〕　①と②をたすと

$$4x=12$$
$$x=3 \cdots\cdots③$$

③を①に代入すると

$$9+2y=7$$
$$2y=-2$$
$$y=-1$$

答　$x=3,\ y=-1$

①と②をたして，
y を消すんだね。

(1) $\begin{cases} 5x+2y=16 \cdots\cdots① \\ 3x-2y=0 \quad\cdots\cdots② \end{cases}$

〔解〕　①＋②　$8x=16$

$$x=\boxed{}$$

(2) $\begin{cases} 3x+2y=8 \\ x-2y=0 \end{cases}$

(3) $\begin{cases} -2x+3y=-1 \\ 5x-3y=7 \end{cases}$

(4) $\begin{cases} x-2y=-4 \\ -3x+2y=8 \end{cases}$

次の連立方程式を，加減法で解きなさい。 ‥‥‥‥‥‥‥‥‥‥‥‥‥‥‥ 各**9**点

(1) $\begin{cases} -2x+y=-4 \\ 2x-3y=8 \end{cases}$

(2) $\begin{cases} 3x-2y=-1 \\ -3x+5y=7 \end{cases}$

(3) $\begin{cases} x+3y=7 \\ -x+2y=8 \end{cases}$

(4) $\begin{cases} -2x+y=-1 \cdots\cdots① \\ -2x-y=-7 \cdots\cdots② \end{cases}$

〔解〕 ①＋② $-4x=-8$

(5) $\begin{cases} -2x-7y=26 \\ 2x-5y=22 \end{cases}$

(6) $\begin{cases} 2x+y=14 \\ 6x-y=34 \end{cases}$

(7) $\begin{cases} 5x-2y=9 \\ 3x+2y=7 \end{cases}$ 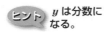 y は分数になる。

(8) $\begin{cases} -x+3y=11 \\ x-5y=-17 \end{cases}$

月　日　　点　　答えは別冊 9 ページ

1 次の連立方程式を，加減法で解きなさい。 ･･････ 各 **14** 点

例

$$\begin{cases} 3x+y=7 & \cdots\cdots① \\ 5x-2y=8 & \cdots\cdots② \end{cases}$$

〔解〕　①×2

$$6x+2y=14 \cdots\cdots③$$

②+③　$11x=22$

$$x=2$$

これを①に代入すると

$$6+y=7$$

$$y=1$$

答　$x=2, \ y=1$

①×2で，②の y の
係数の絶対値と同じ
になるわね。

(1)
$$\begin{cases} 2x+y=14 & \cdots\cdots① \\ 5x-2y=26 & \cdots\cdots② \end{cases}$$

〔解〕　①×2

$$4x+2y=28 \cdots\cdots③$$

(2)
$$\begin{cases} 5x+3y=1 \\ 9x+y=15 \end{cases}$$

2 次の連立方程式を，加減法で解きなさい。 ························· 各**12**点

(1) $\begin{cases} 3x+y=7 & \cdots\cdots① \\ 5x+2y=12 & \cdots\cdots② \end{cases}$

〔解〕 ①×2

(2) $\begin{cases} 2x-y=14 \\ 5x-2y=34 \end{cases}$

(3) $\begin{cases} x+2y=8 & \cdots\cdots① \\ 2x+5y=11 & \cdots\cdots② \end{cases}$

〔解〕 ①×2

(4) $\begin{cases} -x+3y=1 \\ 4x-5y=3 \end{cases}$

(5) $\begin{cases} 5x+2y=9 & \cdots\cdots① \\ 7x+4y=15 & \cdots\cdots② \end{cases}$

〔解〕 ①×2

(6) $\begin{cases} 3x-2y=16 \\ -6x+5y=-34 \end{cases}$

16 連立方程式の解き方⑤

月 日 点 答えは別冊10ページ

1 次の連立方程式を，加減法で解きなさい。 ……………… 各**10**点

例

$$\begin{cases} 5x+3y=1 \cdots\cdots① \\ 9x+4y=6 \cdots\cdots② \end{cases}$$

〔解〕 ①×4

$20x+12y=4$ ……③

②×3

$27x+12y=18$ ……④

④－③ $7x=14$

$x=2$

これを①に代入すると

$10+3y=1$

$3y=-9$

$y=-3$

答 $x=2,\ y=-3$

(1) $\begin{cases} 5x+3y=14 \\ 9x+4y=14 \end{cases}$

(2) $\begin{cases} 5x+2y=8 \\ 2x+3y=1 \end{cases}$

(3) $\begin{cases} 5x-3y=1 \\ 9x-4y=6 \end{cases}$

2 次の連立方程式を，加減法で解きなさい。 ‥‥‥‥‥

(1) $\begin{cases} 3x+2y=7 & \cdots\cdots① \\ 2x+5y=12 & \cdots\cdots② \end{cases}$

〔解〕 ①×2 $\quad 6x+4y=14$
　　　②×3

(2) $\begin{cases} 3x+4y=11 & \cdots\cdots① \\ 2x-3y=-4 & \cdots\cdots② \end{cases}$

〔解〕 ①×2
　　　②×3

(3) $\begin{cases} 2x-5y=23 \\ 3x-13y=51 \end{cases}$

(4) $\begin{cases} -3x+4y=11 \\ -2x-3y=-4 \end{cases}$

(5) $\begin{cases} 5x-2y=12 & \cdots\cdots① \\ 2x-3y=7 & \cdots\cdots② \end{cases}$

〔解〕 ①×3 $\quad 15x-6y=36$
　　　②×2

(6) $\begin{cases} 5x+3y=7 \\ 9x-4y=22 \end{cases}$

1 次の連立方程式を，移項(いこう)してから加減法で解きなさい。 ········· 各**10**点

例

$$\begin{cases} 4x=3y+5 & \cdots\cdots ① \\ 2x=-3y+7 & \cdots\cdots ② \end{cases}$$

〔解〕　移項すると

$$\begin{cases} 4x-3y=5 & \cdots\cdots ③ \\ 2x+3y=7 & \cdots\cdots ④ \end{cases}$$

③＋④　　$6x=12$

$$x=2$$

これを③に代入すると

$$8-3y=5$$

$$-3y=-3$$

$$y=1$$

答　$x=2$，$y=1$

(1) $$\begin{cases} 3x=-2y+1 \\ 2x=y+10 \end{cases}$$

(2) $$\begin{cases} y=8-x & \cdots\cdots ① \\ y=4x-7 & \cdots\cdots ② \end{cases}$$

〔解〕　移項すると

$$\begin{cases} x+y=8 & \cdots\cdots ③ \\ \boxed{} & \cdots\cdots ④ \end{cases}$$

(3) $$\begin{cases} 2y=-3x+7 \\ 5y=2x+8 \end{cases}$$

2 次の連立方程式を，移項してから解きなさい。 ……(1), (2) 各 **11** 点 (3)～(6) 各 **12** 点

(1) $\begin{cases} 8x-3y-16=0 \\ 2x-y=4 \end{cases}$

(2) $\begin{cases} 3x-4y-11=0 \\ 6x+5y+4=0 \end{cases}$

(3) $\begin{cases} 5y+3x-8=0 & \cdots\cdots① \\ 2x+3y=6 & \cdots\cdots② \end{cases}$

〔解〕 移項すると
$\begin{cases} 3x+5y=8 & \cdots\cdots③ \\ 2x+3y=6 & \cdots\cdots④ \end{cases}$

(4) $\begin{cases} -3x+2y-23=0 \\ 5y+2x=29 \end{cases}$

x，y の項の順に書きなおそう。

(5) $\begin{cases} 4x=5y+34 \\ x=y+5 \end{cases}$

(6) $\begin{cases} 3y=-x+11 \\ -4x-3y=1 \end{cases}$

18 連立方程式の解き方⑦

1 次の連立方程式を解きなさい。 ……… 各**11**点

例

$$\begin{cases} 0.3x-0.2y=0.6 \cdots\cdots ① \\ 0.4x+0.3y=2.5 \cdots\cdots ② \end{cases}$$

〔解〕　①×10　$3x-2y=6$　……③

　　　　②×10　$4x+3y=25$　……④

　　　　③×3　$9x-6y=18$ ……⑤

　　　　④×2　$8x+6y=50$ ……⑥

　　　　⑤+⑥　　$17x=68$

　　　　　　　　　$x=4$

　　　これを③に代入すると

　　　　　　$12-2y=6$

　　　　　　　$-2y=-6$

　　　　　　　　$y=3$

　　　答　$x=4,\ y=3$

両辺を10倍して，係数を整数になおしてから解くといいね。

(1) $\begin{cases} 0.3x+0.2y=0.6 \\ 0.4x-0.3y=2.5 \end{cases}$

(2) $\begin{cases} 0.2x+0.3y=1.2 \\ 0.3x+0.2y=1.3 \end{cases}$

2 次の連立方程式を解きなさい。 ・・・・・・・・・・・・・・・・・・・・・・・・・・・・・・・・ 各**13**点

(1)
$\begin{cases} 7x+5y=8 & \cdots\cdots ① \\ 0.3x+0.1y=0.4 & \cdots\cdots ② \end{cases}$

〔解〕 ②×10

(2)
$\begin{cases} 0.3x+0.2y=0.32 \\ 4x-10y=3 \end{cases}$

(3)
$\begin{cases} 20x+30y=20 & \cdots\cdots ① \\ 6x+12y=7 & \cdots\cdots ② \end{cases}$

〔解〕 ①÷10　$2x+3y=$ ☐

(4)
$\begin{cases} 300x+400y=1100 \\ 60x-50y=-40 \end{cases}$

(5)
$\begin{cases} -3x+2y=7 & \cdots\cdots ① \\ -2x-5y=1.5 & \cdots\cdots ② \end{cases}$

〔解〕

(6)
$\begin{cases} 0.3x-0.5y=29 \\ 0.9x=-0.2y+19 \end{cases}$

19 連立方程式の解き方⑧

1 次の連立方程式を解きなさい。　　　　　　　各10点

(1) $\begin{cases} 2x+5y=x-2y-6 & \cdots\cdots① \\ 8x+y=5x-y+1 & \cdots\cdots② \end{cases}$

〔解〕 ①より　$x+7y=-6$ ……③

②より　$3x+2y=1$ ……④

(2) $\begin{cases} 3x-y+1=2x+4 & \cdots\cdots① \\ 4x-3y-6=2y+5 & \cdots\cdots② \end{cases}$

〔解〕 ①より　$x-y=3$　　……③

②より　$4x-5y=11$ ……④

(3) $\begin{cases} x=2y & \cdots\cdots① \\ x-4=3(y-2) & \cdots\cdots② \end{cases}$

〔解〕 ①より　$x-2y=0$　　……③

②より　$x-4=3y-6$

$x-3y=-2$ ……④

(4) $\begin{cases} 4y=3x+2y+3 & \cdots\cdots① \\ y-3=5(x-1) & \cdots\cdots② \end{cases}$

〔解〕 ①より　$-3x+2y=3$　　……③

②より　$y-3=5x-5$

$-5x+y=\boxed{}$ ……④

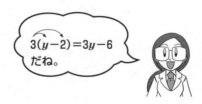

$3(y-2)=3y-6$
だね。

40

2 次の連立方程式を解きなさい。 ⋯⋯⋯⋯⋯⋯⋯⋯⋯⋯⋯⋯⋯⋯ 各**10**点

(1) $\begin{cases} 2(x+y)=y+10 & \cdots\cdots① \\ 4(x+y)=5y+32 & \cdots\cdots② \end{cases}$

〔解〕 ①より　$2x+2y=y+10$
$2x+y=10 \cdots\cdots③$

②より

(2) $\begin{cases} 2(x+y)=3y+10 \\ 4(x+y)=3y+32 \end{cases}$

(3) $\begin{cases} 7(x+5)=2(y+3) \\ 4(x+y)=13+3x \end{cases}$

(4) $\begin{cases} 7(5-x)=2(y-6) \\ 4(x-y)=11-3x \end{cases}$

(5) $\begin{cases} 7(4-x)=2(y-3) \\ 4(x-y)=7-y \end{cases}$

(6) $\begin{cases} 7(4+x)=2(y+3) \\ 4(-x+y)=7+y \end{cases}$

連立方程式の解き方⑨

1 次の連立方程式を解きなさい。 ………………… 各**10**点

例

$$\begin{cases} x-2y=1 & \cdots\cdots① \\ \dfrac{2}{5}x+y=4 & \cdots\cdots② \end{cases}$$

〔解〕　②×5

$$2x+5y=20 \cdots\cdots③$$

①×2

$$2x-4y=2 \cdots\cdots④$$

③－④　$9y=18$

$$y=2$$

これを①に代入すると

$$x-4=1$$

$$x=5$$

答　$x=5,\ y=2$

(1) $\begin{cases} x+2y=1 \\ \dfrac{2}{5}x-y=4 \end{cases}$

(2) $\begin{cases} x+3y=1 \\ \dfrac{3}{4}x+y=2 \end{cases}$

(3) $\begin{cases} x-3y=1 \\ \dfrac{3}{4}x-y=2 \end{cases}$

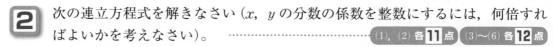

2 次の連立方程式を解きなさい（x, y の分数の係数を整数にするには，何倍すれ
ばよいかを考えなさい）。 $\cdots\cdots\cdots\cdots\cdots\cdots$ (1)，(2) 各**11**点　(3)～(6) 各**12**点

(1) $\begin{cases} 3x+y=23 & \cdots\cdots① \\ \dfrac{1}{3}x-\dfrac{1}{4}y=4 & \cdots\cdots② \end{cases}$

　〔解〕　②×12　$4x-3y=48$ $\cdots\cdots③$

(2) $\begin{cases} 3x-y=23 \\ \dfrac{1}{3}x+\dfrac{1}{4}y=4 \end{cases}$

(3) $\begin{cases} \dfrac{x}{3}+\dfrac{y}{2}=\dfrac{4}{3} & \cdots\cdots① \\ 2x=y-8 & \cdots\cdots② \end{cases}$

　〔解〕　①×6　$2x+3y=8$ $\cdots\cdots③$

　　　　②より　$2x-y=\boxed{}$ $\cdots④$

(4) $\begin{cases} \dfrac{x}{3}-\dfrac{y}{2}=\dfrac{4}{3} \\ 2x=-y+8 \end{cases}$

(5) $\begin{cases} x+1=\dfrac{y}{4} & \cdots\cdots① \\ 5x=y+1 & \cdots\cdots② \end{cases}$

　〔解〕　①×4　$4x+4=y$

　　　　　　　　$4x-y=\boxed{}$ $\cdots③$

　　　　②より　$5x-y=1$ $\cdots\cdots④$

(6) $\begin{cases} x+1=\dfrac{y}{2} \\ 5x=2y+1 \end{cases}$

21 連立方程式の解き方⑩

1 次の連立方程式を解きなさい。 ──────────── 各**12**点

(1) $\begin{cases} x - \dfrac{3}{2}y = 6 & \cdots\cdots① \\ x + \dfrac{2}{3}y = \dfrac{5}{3} & \cdots\cdots② \end{cases}$

〔解〕　①×2　$2x - 3y = 12$ ……③
　　　　②×3　$3x + 2y = 5$ ……④

(2) $\begin{cases} \dfrac{2}{3}x + y = 4 & \cdots\cdots① \\ \dfrac{3}{2}x - y = \dfrac{5}{2} & \cdots\cdots② \end{cases}$

〔解〕　①×3

①×3 を計算したとき，
$2x + 3y = 4$
としないように！

(3) $\begin{cases} \dfrac{2}{3}x + y = 1 \\ \dfrac{1}{2}x - 2y = -2 \end{cases}$

(4) $\begin{cases} -\dfrac{2}{3}x + y = -1 \\ -\dfrac{1}{2}x + 2y = \dfrac{1}{2} \end{cases}$

44

2 次の連立方程式を解きなさい。 ┈┈┈┈┈┈┈┈┈┈┈┈┈┈┈┈┈┈┈┈┈ 各**13**点

(1) $\begin{cases} \dfrac{x+1}{2} = \dfrac{y}{3} & \cdots\cdots ① \\[2mm] \dfrac{x}{3} = y+2 & \cdots\cdots ② \end{cases}$

$\qquad$ 〔解〕 $①\times 6$ $\quad 3(x+1) = 2y$

$\qquad\qquad\qquad\qquad 3x+3 = 2y$

$\qquad\qquad\qquad\qquad 3x-2y = -3 \cdots\cdots ③$

$\qquad\qquad ②\times 3 \quad x = 3y+6$

$\qquad\qquad\qquad\qquad x-3y = 6 \qquad \cdots\cdots ④$

(2) $\begin{cases} \dfrac{-x+1}{2} = \dfrac{y}{3} \\[2mm] -\dfrac{x}{3} = y+2 \end{cases}$

(3) $\begin{cases} \dfrac{x-3}{4} = -\dfrac{3}{2}y & \cdots\cdots ① \\[2mm] x-2 = -\dfrac{4}{3}(y+1) & \cdots\cdots ② \end{cases}$

$\qquad$ 〔解〕 $①\times 4 \quad x-3 = -6y$

$\qquad\qquad\qquad\qquad x+6y = 3 \cdots\cdots ③$

$\qquad\qquad ②\times 3 \quad 3(x-2) = -4(y+1)$

$\qquad\qquad\qquad\qquad 3x-6 = -4y-4$

$\qquad\qquad\qquad\qquad 3x+4y = 2 \cdots\cdots ④$

(4) $\begin{cases} x = \dfrac{2}{3}y \\[2mm] x-y = \dfrac{1}{5}(y-8) \end{cases}$

1 次の連立方程式を解きなさい。 ・・・・・・・・・・・・・・・・・・・・ 各**12**点

(1) $\begin{cases} \dfrac{x+1}{3} = \dfrac{y+2}{2} \cdots\cdots① \\ 2x-5y=0 \quad\cdots\cdots② \end{cases}$

〔解〕　①×6　$2(x+1)=3(y+2)$

　　　　$2x+2=$ ☐

(2) $\begin{cases} \dfrac{x-3}{5} = \dfrac{y-7}{2} \\ 7x=3y \end{cases}$

(3) $\begin{cases} \dfrac{-x-3}{5} = \dfrac{y-7}{2} \\ -11x=13y \end{cases}$

(4) $\begin{cases} \dfrac{11x-5y}{4} = \dfrac{3x+y}{7} \\ 8x-5y=1 \end{cases}$

2 次の連立方程式を解きなさい。 ・・・・・・・・・・・・・・・・・・・・・・・・・ 各**13**点

(1) $\begin{cases} \dfrac{x-y}{2} - \dfrac{x+y}{3} = -1 & \cdots\cdots① \\[2mm] \dfrac{2x-y}{3} - \dfrac{x+2y}{2} = -2 & \cdots\cdots② \end{cases}$

〔解〕　①×6

$$3(x-y) - 2(x+y) = -6$$
$$x - 5y = -6 \cdots\cdots③$$

②×6

$$2(2x-y) - 3(x+2y) = -12$$
$$x - 8y = -12 \cdots\cdots④$$

③−④

(2) $\begin{cases} \dfrac{-x-y}{2} - \dfrac{-x+y}{3} = -1 \\[2mm] \dfrac{-2x-y}{3} - \dfrac{-x+2y}{2} = -2 \end{cases}$

(3) $\begin{cases} \dfrac{x+y}{3} - \dfrac{x-y}{2} = 1 \\[2mm] \dfrac{x+2y}{2} - \dfrac{2x-y}{3} = 2 \end{cases}$

(4) $\begin{cases} \dfrac{x+y}{2} = \dfrac{x+2}{3} + 2 \\[2mm] \dfrac{x-y}{2} = \dfrac{y}{3} + 1 \end{cases}$

連立方程式の解き方⑫

1 次の連立方程式を解きなさい。 ……………………… 各 **10** 点

(1) $\begin{cases} 3x+2y=1 \\ 3y=2x-5 \end{cases}$

(2) $\begin{cases} -3x+2y=1 \\ 3y=-2x-5 \end{cases}$

(3) $\begin{cases} x-2=3(y+2) \\ 2y+5=x-2(y-1) \end{cases}$

(4) $\begin{cases} 3(x+y)=5x-y+1 \\ 2(x-y)=3x+y-2 \end{cases}$

(5) $\begin{cases} 4(x-2y)-(5x+3y)=30 \\ 3(3x+7y)-2(x+9y)=12 \end{cases}$

(6) $\begin{cases} 0.6y-0.2x=1 \\ 1.8y-0.5x=4 \end{cases}$

 ヒント 両辺を10倍する。

次の連立方程式を解きなさい。 ………………………………… 各 **10** 点

(1)
$$\begin{cases} 2x + \dfrac{3}{2}y = \dfrac{5}{2} \\[2mm] \dfrac{2}{3}x - y = \dfrac{7}{3} \end{cases}$$

(2)
$$\begin{cases} \dfrac{1}{6}x + 2y = \dfrac{5}{4} \\[2mm] \dfrac{1}{2}x + y = \dfrac{5}{12} \end{cases}$$

(3)
$$\begin{cases} \dfrac{x}{4} + \dfrac{y}{3} = \dfrac{1}{2} \\[2mm] \dfrac{x}{6} + \dfrac{y}{5} = \dfrac{1}{15} \end{cases}$$

(4)
$$\begin{cases} \dfrac{x-1}{6} + y = 6 \\[2mm] x - \dfrac{1-y}{4} = 8 \end{cases}$$

 月 日 点   答えは別冊15ページ

1 次の連立方程式を，代入法で解きなさい。 ……………………… 各 **10**点

例

$$\begin{cases} y=3x-1 \cdots ① \\ 5x-y=5 \cdots ② \end{cases}$$

〔解〕 ①を②に代入すると

$$5x-(3x-1)=5$$
$$2x=4$$
$$x=2 \cdots ③$$

③を①に代入すると

$$y=3\times2-1=5$$

答 $x=2, \ y=5$

> 式を代入するときは，
> 必ず（　）をつけよう！

(1) $\begin{cases} y=3x-1 \cdots ① \\ 5x-y=7 \cdots ② \end{cases}$

〔解〕 ①を②に代入すると

$$5x-\left(\boxed{}\right)=7$$

(2) $\begin{cases} y=2x-1 \cdots ① \\ x+y=8 \ \cdots ② \end{cases}$

〔解〕 ①を②に代入すると

(3) $\begin{cases} y=2x+1 \\ 3x+y=16 \end{cases}$

(4) $\begin{cases} y=2x-6 \\ 7x-y=16 \end{cases}$

2 次の連立方程式を，代入法で解きなさい。 ···············

(1) $\begin{cases} y=3x \\ 3x+y=12 \end{cases}$

(2) $\begin{cases} y=3x \\ 4x+y=21 \end{cases}$

(3) $\begin{cases} y=-x \\ -2x-y=3 \end{cases}$

(4) $\begin{cases} y=-2x-3 \\ 2x-y=7 \end{cases}$

(5) $\begin{cases} x=y-3 & \cdots\cdots① \\ x+4y=7 & \cdots\cdots② \end{cases}$

〔解〕 ①を②に代入すると

$$\left(\boxed{}\right)+4y=7$$

(6) $\begin{cases} x=-3y-5 \\ -x-2y=2 \end{cases}$

月 日 点 答えは別冊15ページ

1 次の連立方程式を，代入法で解きなさい。 ……………… 各**8**点

(1) $\begin{cases} y=2x-1 & \cdots\cdots① \\ x+4y=14 & \cdots\cdots② \end{cases}$

〔解〕 ①を②に代入すると
$$x+4(2x-1)=14$$

(2) $\begin{cases} y=x+4 \\ 2x+3y=22 \end{cases}$

(3) $\begin{cases} x=y+1 \\ 5x-3y=9 \end{cases}$

(4) $\begin{cases} x=3y-4 \\ 4x-5y=-2 \end{cases}$

(5) $\begin{cases} y=3x & \cdots\cdots① \\ 2x+3y=22 & \cdots\cdots② \end{cases}$

〔解〕 ①を②に代入すると
$$2x+3\left(\boxed{}\right)=22$$

(6) $\begin{cases} x=4y \\ 2x-3y=-10 \end{cases}$

2 次の連立方程式を，代入法で解きなさい。 ·········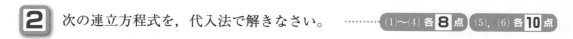

(1) $\begin{cases} y = -4x - 2 \\ 4x + 3y = 2 \end{cases}$

(2) $\begin{cases} y = -2x + 3 \\ 2x - 3y = 7 \end{cases}$

(3) $\begin{cases} y = -x + 1 \\ -4x - 3y = 1 \end{cases}$

(4) $\begin{cases} 5x - 3y = 4 \\ x = y \end{cases}$

(5) $\begin{cases} 3x - 2y = 1 \\ y = 2x + 3 \end{cases}$

(6) $\begin{cases} -3x - 2y = 1 \\ x = -2y + 3 \end{cases}$

月　日　 点　答えは別冊16ページ

1 次の連立方程式を，代入法で解きなさい。 ……………………………… 各**10**点

(1) $\begin{cases} 2x = y - 1 & \cdots\cdots ① \\ 3x - y = 1 & \cdots\cdots ② \end{cases}$

〔解〕 ①より　$y = 2x + 1 \cdots\cdots ③$

　　　③を②に代入すると

　　　　$3x - \left(\boxed{} \right) = 1$

(2) $\begin{cases} 3x + y = -2 \\ -7x + 5y = 34 \end{cases}$

(3) $\begin{cases} 4x + y = 10 \\ 3x - 2y = 2 \end{cases}$

(4) $\begin{cases} 2x - 3y = 8 & \cdots\cdots ① \\ 2x = y & \cdots\cdots ② \end{cases}$

〔解〕 ②より　$y = 2x$

(5) $\begin{cases} 2y = 3x - 2 & \cdots\cdots ① \\ 4 = 2y - x & \cdots\cdots ② \end{cases}$

〔解〕 ②より　$x = 2y - 4$

(6) $\begin{cases} 5x + 2y = 17 & \cdots\cdots ① \\ -x - 4y = -7 & \cdots\cdots ② \end{cases}$

〔解〕 ②より　$x = -4y + 7$

2 次の連立方程式を，代入法で解きなさい。 ………………………

(1) $\begin{cases} 2x+3y=7 & \cdots\cdots① \\ 4x+5y=13 & \cdots\cdots② \end{cases}$

〔解〕 ①より　$2x=-3y+7$ ……③
③を②に代入すると
$2(-3y+7)+5y=13$

(2) $\begin{cases} 3x+4y=4 & \cdots\cdots① \\ 9x+11y=14 & \cdots\cdots② \end{cases}$

〔解〕 ①より　$3x=-4y+4$ ……③
③を②に代入すると
$3\left(\boxed{}\right)+11y=14$

(3) $\begin{cases} 5x+2y=17 & \cdots\cdots① \\ 12x+3y=39 & \cdots\cdots② \end{cases}$

〔解〕 ②より　$y=\boxed{}$

(4) $\begin{cases} 5y=10x-15 & \cdots\cdots① \\ 3y-2x=3 & \cdots\cdots② \end{cases}$

〔解〕 ①より

1 次の連立方程式を，代入法で解きなさい。　　各**8**点

(1) $\begin{cases} y=3x+5 \\ y=7x-3 \end{cases}$

(2) $\begin{cases} y=x+1 \\ y=-2x+13 \end{cases}$

(3) $\begin{cases} y=\dfrac{1}{2}x+3 \\ y=\dfrac{1}{3}x+2 \end{cases}$

(4) $\begin{cases} x=\dfrac{1}{3}y+\dfrac{5}{3} \\ x=-\dfrac{1}{4}y+\dfrac{1}{2} \end{cases}$

(5) $\begin{cases} x=-\dfrac{2}{3}y \\ x=-\dfrac{2}{5}(y-4) \end{cases}$

(6) $\begin{cases} x=\dfrac{3}{2}y+2 \\ x=\dfrac{7}{6}y+\dfrac{8}{3} \end{cases}$

2 次の連立方程式を，代入法で解きなさい。 ········· (1)～(4) 各 **8** 点 (5)，(6) 各 **10** 点

(1) $\begin{cases} 2y=3x-5 & \cdots\cdots① \\ 5x-2y=11 & \cdots\cdots② \end{cases}$

〔解〕 ①を②に代入すると

$5x-\left(\boxed{}\right)=11$

(2) $\begin{cases} 6x+5y=31 \\ 5y=12x+13 \end{cases}$

(3) $\begin{cases} 3x=2y-4 \\ 3x-7y=1 \end{cases}$

(4) $\begin{cases} 4x+9y=24 \\ 4x=8-5y \end{cases}$

(5) $\begin{cases} \dfrac{1}{2}x=2-y \\ \dfrac{1}{2}x-3y=-2 \end{cases}$

(6) $\begin{cases} \dfrac{1}{3}y=2x-7 \\ 3x+\dfrac{1}{3}y=13 \end{cases}$

28 連立方程式の解き方⑰

1 次の連立方程式を，加減法と代入法の2通りの方法で解きなさい。

加減法，代入法 各 **12** 点

(1)
$$\begin{cases} x = y + 3 & \cdots\cdots① \\ 2x = y + 8 & \cdots\cdots② \end{cases}$$

〈加減法〉

〔解〕　①より　$x - y = 3$　……③
　　　　②より　$2x - y = 8$　……④

〈代入法〉

〔解〕　①を②に代入すると
$$2\left(\boxed{}\right) = y + 8$$

(2)
$$\begin{cases} 2x - y = 10 \\ 4(x + y) = 3y + 32 \end{cases}$$

〈加減法〉

〈代入法〉

58

次の連立方程式を，加減法と代入法の2通りの方法で解きなさい。

(1) $\begin{cases} 3(x+5)=5y-3 \\ 7x-16=3(y-2) \end{cases}$

〈加減法〉   〈代入法〉

(2) $\begin{cases} \dfrac{1}{3}x+\dfrac{1}{2}y=1 \\ -\dfrac{2}{3}x+\dfrac{1}{4}y=3 \end{cases}$

〈加減法〉   〈代入法〉

月　日　 点　答えは別冊18ページ

1 次の連立方程式を解きなさい。 ……………………… 各**11**点

例

$$x+2y=3x-y=7$$

〔解〕 $\begin{cases} x+2y=7 \cdots\cdots① \\ 3x-y=7 \cdots\cdots② \end{cases}$

②×2　$6x-2y=14 \cdots\cdots③$

①+③　$7x=21$

$\qquad x=3$

これを②に代入すると

$\qquad 9-y=7$

$\qquad y=2$

答　$x=3$, $y=2$

•Memo 覚えておこう•

$A=B=C$ の形の連立方程式は

$\begin{cases} A=C \\ B=C \end{cases}$ $\begin{cases} A=B \\ A=C \end{cases}$ $\begin{cases} A=B \\ B=C \end{cases}$

のいずれかの形にして解く。

(1)　$2x+y=x+4y=14$

〔解〕 $\begin{cases} 2x+y=14 \cdots\cdots① \\ x+4y=14 \cdots\cdots② \end{cases}$

(2)　$3x-2y=2x+3y=-13$

次の連立方程式を解きなさい。 $\cdots\cdots\cdots\cdots\cdots\cdots\cdots\cdots\cdots\cdots\cdots\cdots\cdots$ 各 **13** 点

(1)　$x-y+10=-x+2y=3x+y$

(2)　$4x+3y=2x-5y=x+y-1$

(3)　$x+2y-26=5x-3y=-3x+y+8$

(4)　$8x-3y-16=2x-y-4=5x+3y-10$

(5)　$2x+y+2=4x-2y+15=5x-y-1$

(6)　$4x-3y=x+y-5=7x$

30 連立方程式の応用①

1 2つの数 x と y の和は13で，x の3倍と y の4倍の和は44である。この2つの数 x，y を求めなさい。 $\cdots\cdots$ **15点**

〔解〕
$$\begin{cases} x+y=13 \\ 3x+4y=\boxed{} \end{cases}$$

[　　　　　　　　　　　　　　　　]

2 1個140円のりんごと1個90円のみかんを，あわせて15個買ったときの代金の合計は1650円である。りんごとみかんをそれぞれ何個買ったか求めなさい。 $\cdots\cdots$ **15点**

〔解〕　りんごを x 個，みかんを y 個買ったとすると　**注意** この文章は必ず書くこと。

$$\begin{cases} x+y=15 & \cdots\cdots① \\ 140x+90y=\boxed{} & \cdots\cdots② \end{cases}$$

②÷10より

①×9より

[　　　　　　　　　　　　　　　　]

3 1冊80円のノートと1冊120円のノートを，あわせて18冊買ったときの代金の合計は1680円である。80円のノートと120円のノートをそれぞれ何冊買ったか求めなさい。 $\cdots\cdots$ **15点**

〔解〕　80円のノートを x 冊，$\boxed{}$ を $\boxed{}$ 買ったとすると

[　　　　　　　　　　　　　　　　]

4 100点満点の数学のテストで，1問2点の問題と1問3点の問題が，あわせて38問ある。2点の問題と3点の問題はそれぞれ何問あるか求めなさい。 ⋯⋯⋯⋯⋯⋯⋯⋯⋯ **15点**

[　　　　　　　　　　　　　　　]

5 1個50円の水仙(すいせん)の球根と1個80円のチューリップの球根を，あわせて16個買ったときの代金の合計は1070円である。水仙とチューリップの球根をそれぞれ何個買ったか求めなさい。 ⋯⋯⋯⋯⋯⋯⋯⋯⋯⋯⋯⋯ **20点**

[　　　　　　　　　　　　　　　]

6 みかんが入った大小2種類の袋(ふくろ)があわせて12袋ある。大きい袋1つにはみかんが12個，小さい袋1つにはみかんが9個入っていて，みかんは全部で120個ある。大きい袋と小さい袋はそれぞれ何袋あるか求めなさい。 ⋯⋯⋯⋯⋯⋯ **20点**

〔解〕　大きい袋が x 袋，$\boxed{}$ が y 袋あるとすると

[　　　　　　　　　　　　　　　]

31 連立方程式の応用②

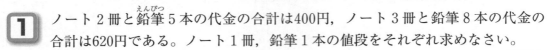

1 ノート 2 冊と鉛筆 5 本の代金の合計は400円，ノート 3 冊と鉛筆 8 本の代金の合計は620円である。ノート 1 冊，鉛筆 1 本の値段をそれぞれ求めなさい。
.... **20点**

〔解〕 ノート 1 冊の値段を x 円，鉛筆 1 本の値段を y 円とすると

$$\begin{cases} 2x+5y=400 & \cdots\cdots① \\ 3x+8y=\boxed{} & \cdots\cdots② \end{cases}$$

[　　　　　　　　　　　　　]

2 A，B 2 種類の品物がある。A 3 個と B 4 個の重さの合計は1700g，A 4 個と B 6 個の重さの合計は2400g である。A 1 個，B 1 個の重さはそれぞれ何 g か求めなさい。.. **20点**

[　　　　　　　　　　　　　]

3 ある美術館の入館料は，子ども 6 人とおとな 3 人では2700円，子ども 5 人とおとな 2 人では2050円である。子ども 1 人，おとな 1 人の入館料をそれぞれ求めなさい。.. **20点**

[　　　　　　　　　　　　　]

4 鉛筆 5 本と消しゴム 3 個の代金の合計は475円である。また，鉛筆 3 本の代金と消しゴム 2 個の代金は等しい。鉛筆 1 本，消しゴム 1 個の値段をそれぞれ求めなさい。 ●●● **20**点

〔解〕　鉛筆 1 本の値段を x 円，[　　　　　　　　　　]を[　　　]とすると

$$\begin{cases} \boxed{} = 475 \\ 3x = \boxed{} \end{cases}$$

[　　　　　　　　　　　　　　　　　　　]

5 みかん 7 個とりんご 3 個の代金の合計は870円である。また，みかん 5 個の代金とりんご 2 個の代金は等しい。みかん 1 個，りんご 1 個の値段をそれぞれ求めなさい。 ●●● **20**点

[　　　　　　　　　　　　　　　　　　　]

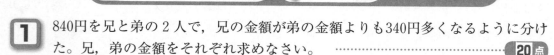
1 840円を兄と弟の2人で，兄の金額が弟の金額よりも340円多くなるように分けた。兄，弟の金額をそれぞれ求めなさい。 ………………………………… **20点**

〔解〕　兄の金額を x 円，弟の金額を y 円とすると

$$\begin{cases} x+y=840 \\ x-y=\boxed{} \end{cases}$$

［　　　　　　　　　　　　　　　　］

2 840円を姉と妹の2人で，姉の金額が妹の金額の2倍になるように分けた。姉，妹の金額をそれぞれ求めなさい。 ………………………………… **20点**

〔解〕　姉の金額を x 円，妹の金額を y 円とすると

$$\begin{cases} x+y=\boxed{} \\ x=2y \end{cases}$$

［　　　　　　　　　　　　　　　　］

3 Aの所持金はBの所持金よりも120円多い。今，BがAに750円を渡したら，Aの所持金はBの所持金の7倍となった。2人のはじめの所持金をそれぞれ求めなさい。 ………………………………… **20点**

［　　　　　　　　　　　　　　　　］

4 ある学級で，虫歯のある生徒の人数は，虫歯のない生徒の人数よりも6人多い。ある時期に，虫歯のある生徒の $\dfrac{1}{8}$ が治療(ちりょう)を受けたら，虫歯のある生徒と虫歯のない生徒の人数は等しくなった。はじめに，虫歯のある生徒と虫歯のない生徒はそれぞれ何人いたか求めなさい。 ⋯⋯⋯⋯⋯⋯⋯⋯⋯⋯⋯⋯⋯ **20**点

〔解〕 はじめに虫歯のある生徒の人数を x 人，虫歯のない生徒の人数を y 人とすると

$$\begin{cases} x = y + \boxed{} \\ x - \dfrac{1}{8}x = y + \boxed{} \end{cases}$$

$\Big[\qquad\qquad\qquad\qquad\qquad\qquad \Big]$

5 子どもとおとながあわせて650人いる。子どもの $\dfrac{1}{6}$ とおとなの $\dfrac{1}{7}$ をあわせると100人である。子ども，おとなはそれぞれ何人いるか求めなさい。 ⋯⋯⋯⋯⋯⋯ **20**点

$\Big[\qquad\qquad\qquad\qquad\qquad\qquad \Big]$

1 一定の速さで走っている列車が，長さ1100mの鉄橋を渡り始めてから渡り終わるまでに65秒かかった。また，この列車が1550mのトンネルに入り始めてから出てしまうまでに90秒かかった。この列車の長さと時速を求めなさい。 ‥‥**25**点

〔解〕　この列車の秒速を x m，列車の長さを y mとすると

$$\begin{cases} 65x = 1100 + y \\ 90x = \boxed{} \end{cases}$$

答えは秒速を時速に
なおして表すよ。

[　　　　　　　　　　　　　　　　　]

2 A町からB峠をこえて11km離れたC町まで行くのに，A町からB峠までは時速3km，B峠からC町までは時速5kmで歩いたら，全体で3時間かかった。A町からB峠まで歩いた時間，B峠からC町まで歩いた時間はそれぞれ何時間か求めなさい。 ‥‥‥‥‥‥‥**25**点

[　　　　　　　　　　　　　　　　　]

3 池のまわりに1周6kmの道がある。この道をAは自転車で，Bは徒歩で，同じ地点を出発して反対の方向にまわる。2人が同時に出発すれば，AとBは20分後に出会う。また，AがBよりも15分おくれて出発すれば，Aは出発してから16分後にBと出会う。A，Bそれぞれの速さは分速何mか求めなさい。 ………… **25点**

〔解〕 Aの速さを分速 x m，Bの速さを分速 y mとすると

$$\begin{cases} 20x+20y=6000 \\ 16x+(15+16)y=\boxed{} \end{cases}$$

$$\Big[\Big]$$

4 川の下流にA岸，その20km上流にB岸がある。ある舟がA岸からB岸まで行くのに5時間，B岸からA岸まで行くのに2時間30分かかった。
　静水での舟の速さは時速何kmか，また，川の流れの速さは時速何kmか求めなさい。
………………………………………………… **25点**

〔解〕 静水での舟の速さを時速 x km，川の流れの速さを時速 y kmとする。
　　A岸からB岸まで行くときの速さは時速 $(x-y)$ km，B岸からA岸まで行くときの速さは時速 $(x+y)$ kmであるから

$$\begin{cases} 5(x-y)=20 \\ \boxed{}=\boxed{} \end{cases}$$

$$\Big[\Big]$$

1 A町からB峠をこえて18km離れたC町まで行くのに，A町からB峠までは時速3km，B峠からC町までは時速5kmで歩いたら，全体で4時間24分かかった。

A町からB峠までの道のり，B峠からC町までの道のりはそれぞれ何kmか求めなさい。 ……………………………………………………………………… **25点**

〔解〕 A町からB峠までの道のりを$x$km，B峠からC町までの道のりを$y$kmとすると

$$\begin{cases} x+y= \boxed{} \\ \dfrac{x}{3}+\dfrac{y}{5} = \boxed{} \end{cases}$$

$$\Big[\Big]$$

2 A地点からB地点を通ってC地点まで自動車で行くのに，A地点からB地点までは時速40km，B地点からC地点までは時速50kmで走ったら，全体で11時間かかった。また，A地点からB地点までは時速50km，B地点からC地点までは時速60kmで走ったら，全体で9時間かかった。

A地点からB地点までの道のり，B地点からC地点までの道のりはそれぞれ何kmか求めなさい。 ……………………………………………………… **25点**

〔解〕 A地点からB地点までの道のりを$x$km，B地点からC地点までの道のりを$y$kmとすると

$$\begin{cases} \dfrac{x}{40}+\dfrac{y}{50} = 11 \\ \boxed{} = \boxed{} \end{cases}$$

$$\Big[\Big]$$

3 A地点からB地点を通ってC地点まで行くのに，A地点からB地点までは時速4km，B地点からC地点までは時速6kmで進んだら，全体で5時間25分かかった。また，A地点からB地点までは時速6km，B地点からC地点までは時速4kmで進んだら，全体で5時間かかった。

A地点からB地点までの道のり，B地点からC地点までの道のりはそれぞれ何kmか求めなさい。 ……………………………………………………………… 25点

4 A地点からB地点まで行くのに，途中のP地点までは時速6km，P地点からB地点までは時速4kmで進んだら，全体で3時間20分かかった。また，A地点からP地点までは時速8km，P地点からB地点までは時速6kmで進んだら，全体で2時間15分かかった。

A地点からB地点までの道のりは何kmか求めなさい。 …………………… 25点

1 　3％の濃度の食塩水とは

$$\frac{食塩の質量}{食塩水の質量}=\frac{3}{100}$$

となる食塩水のことである。では，14％の食塩水100gには何gの食塩がふくまれているか，また，水は何gあるか求めなさい。 ………………[　]各**10**点

〔解〕　食塩…100×$\dfrac{\boxed{}}{100}$

食塩〔　　　　　　　〕

水〔　　　　　　　〕

2 　10％の食塩水と5％の食塩水を混ぜて，8％の食塩水を400gつくりたい。10％の食塩水をxg，5％の食塩水をyg混ぜるとして，次の問いに答えなさい。

………………[　]各**10**点

(1)　10％の食塩水xgには何gの食塩がふくまれているか求めなさい。

$$\left[\frac{\boxed{}}{100}x(g)\right]$$

(2)　10％の食塩水と5％の食塩水をそれぞれ何g混ぜればよいか求めなさい。

〔解〕
$$\begin{cases} x+y=\boxed{} \\ \dfrac{\boxed{}}{100}x+\dfrac{5}{100}y=400\times\boxed{} \end{cases}$$

〔　　　　　　　　　　　　　　　　　〕

3 20%のアルコールに4%のアルコールを混ぜて，15%のアルコールを800gつくりたい。20%のアルコールと4%のアルコールをそれぞれ何g混ぜればよいか求めなさい。 **20点**

[   ]

4 3%の食塩水と8%の食塩水を混ぜて，6%の食塩水を700gつくりたい。3%の食塩水と8%の食塩水をそれぞれ何g混ぜればよいか求めなさい。 **20点**

[   ]

5 Aの食塩水200gとBの食塩水400gを混ぜると，6%の食塩水ができる。また，Aの食塩水400gとBの食塩水200gを混ぜると，7%の食塩水ができる。A，Bの食塩水の濃度はそれぞれ何%か求めなさい。 **20点**

〔解〕 Aの食塩水の濃度をx%，Bの食塩水の濃度をy%とすると

$$\begin{cases} 200 \times \dfrac{x}{100} + 400 \times \dfrac{y}{100} = 600 \times \dfrac{6}{100} \\ 400 \times \dfrac{x}{100} + 200 \times \dfrac{y}{100} = \boxed{} \end{cases}$$

[   ]

36 連立方程式の応用⑦

1 お菓子Aを箱につめたら，箱代をふくめて1340円であった。また，値段がお菓子Aよりも２割安いお菓子Bを同じ箱につめたら，1100円であった。箱代を求めなさい。 **20点**

〔解〕 箱代を x 円，お菓子Aの代金を y 円とすると

$$\begin{cases} x+y=1340 \\ x+\boxed{}=1100 \end{cases}$$

$$\left[\right]$$

2 ある中学校で，昨年の全校生徒数は1000人であったが，今年は，男子が１割増え，女子が１割５分増えたので，全体で1124人になった。昨年の男子，女子の生徒数をそれぞれ求めなさい。 **20点**

〔解〕 昨年の男子の生徒数を x 人，女子の生徒数を y 人とすると

$$\begin{cases} x+y=1000 \\ 1.1x+1.15y=\boxed{} \end{cases}$$

$$\left[\right]$$

3 昨年の修学旅行では，交通費と宿泊費をあわせた１人あたりの費用は15000円であったが，今年は，交通費が２割値上がりし，宿泊費が５分値下がりしたので，１人あたりの費用は1000円増えた。昨年の１人あたりの交通費と宿泊費をそれぞれ求めなさい。 **20点**

〔解〕 昨年の１人あたりの交通費を x 円，宿泊費を y 円とすると

$$\begin{cases} x+y=\boxed{} \\ 0.2x-0.05y=\boxed{} \end{cases}$$

$$\left[\right]$$

4 ある中学校の陸上部の部員は，昨年は全員で45人であった。今年は，男子が20％増え，女子が20％減ったので，全体で1人減った。今年の男子，女子の部員数をそれぞれ求めなさい。 ・・・・・・・・・・・・・・・・・・・・ **20点**

〔解〕 昨年の男子の部員数を x 人，女子の部員数を y 人とすると

$$\begin{cases} x+y= \boxed{} \\ \dfrac{120}{100}x+\dfrac{80}{100}y= \boxed{} \end{cases}$$

注意 求めるものは今年の部員数である。

$\Big[\Big]$

5 ある中学校で，昨年の全校生徒数は550人であったが，今年は，男子が5％減り，女子が4％増えたので，全体で5人減った。今年の男子，女子の生徒数をそれぞれ求めなさい。 ・・・・・・・・・・・・・・・・・・・・ **20点**

$\Big[\Big]$

37 連立方程式の応用⑧

1 2けたの自然数がある。各位の数の和は11で，この数の十の位の数と一の位の数を入れかえてできる自然数は，もとの自然数よりも45大きくなる。もとの自然数を求めなさい。 **25点**

〔解〕　もとの自然数の十の位の数を x，一の位の数を y とすると

もとの自然数 $\boxed{x}\boxed{y}$ は $10x+y$

数字を入れかえてできる自然数 $\boxed{y}\boxed{x}$ は $10y+x$ と表される。

$$\begin{cases} x+y=11 \\ 10y+x=10x+y+45 \end{cases}$$

35は 10×3＋5，
53は 10×5＋3
となるよ。

[　　　　　　　　　　　　]

2 2けたの自然数がある。この数は，各位の数の和の6倍よりも1大きく，この数の十の位の数と一の位の数を入れかえてできる自然数は，もとの自然数よりも9小さくなる。もとの自然数を求めなさい。 **25点**

[　　　　　　　　　　　　]

3 100 g 400円のお茶と100 g 240円のお茶がある。この 2 種類のお茶を混ぜて 100 g 360円のお茶を 400 g つくるには，それぞれ何 g 混ぜればよいか求めなさい。 **25**点

〔解〕 100 g 400円のお茶を x g，100 g 240円のお茶を y g 混ぜるとすると

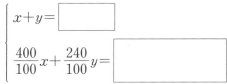

$$\begin{cases} x+y= \boxed{} \\ \dfrac{400}{100}x+\dfrac{240}{100}y= \boxed{} \end{cases}$$

$$\Bigl[\qquad\qquad\qquad\qquad\qquad\qquad\Bigr]$$

4 花屋で，バラを 3 本とカーネーションを 5 本買って代金1350円を払った。ところが，店員がバラとカーネーションの値段をとりちがえて計算していたことに気づき，60円返してくれた。バラ 1 本，カーネーション 1 本の値段をそれぞれ求めなさい。 **25**点

〔解〕 バラ 1 本の値段を x 円，カーネーション 1 本の値段を y 円とすると

$$\begin{cases} 3x+5y= \boxed{} \\ 5x+3y= \boxed{} \end{cases}$$

$$\Bigl[\qquad\qquad\qquad\qquad\qquad\qquad\Bigr]$$

月　日　 点　答えは別冊23ページ

1 次の連立方程式を解きなさい。 ────────────── 各**8**点

(1) $\begin{cases} 3x-2y=3 \\ 4x-y=-1 \end{cases}$

(2) $\begin{cases} 2x-y=2y+9 \\ x+5y=4-2x \end{cases}$

(3) $\begin{cases} y=2x-3 \\ 3x-2y=1 \end{cases}$

(4) $\begin{cases} x=6y \\ 3y-4=5(x+1) \end{cases}$

(5) $\begin{cases} 3(x+2y)=4(2x-y) \\ 5(x-y)=7-2y \end{cases}$

(6) $\begin{cases} 0.3x-0.2y=-0.2 \\ 0.4x=0.5y+0.9 \end{cases}$

2 次の連立方程式を解きなさい。 $\cdots\cdots\cdots\cdots$ 各**10**点

(1) $\begin{cases} \dfrac{x}{4}+\dfrac{y}{3}=\dfrac{1}{2} \\[2mm] \dfrac{x}{6}+\dfrac{y}{5}=\dfrac{1}{15} \end{cases}$

(2) $\begin{cases} \dfrac{x-y}{2}=\dfrac{x+2}{3}+2 \\[2mm] \dfrac{x+y}{2}=-\dfrac{y}{3}+1 \end{cases}$

3 鉛筆7本と消しゴム2個の代金の合計は600円，鉛筆5本と消しゴム3個の代金の合計は570円である。鉛筆1本，消しゴム1個の値段をそれぞれ求めなさい。

$\cdots\cdots\cdots\cdots$ **16**点

$\left[\right]$

4 3％の食塩水と8％の食塩水を混ぜて，5％の食塩水を600gつくりたい。3％の食塩水と8％の食塩水をそれぞれ何g混ぜればよいか求めなさい。

$\cdots\cdots\cdots\cdots$ **16**点

$\left[\right]$

1 分速200mで x 分間走ったときの道のりを y m として，x と y の関係を調べたら，下の表のようになった。次の問いに答えなさい。　　(1) **4**点 (2) **6**点

x	0	1	2	3	4	5
y	0	200				

(1) 表の空欄にあてはまる数を書き入れなさい。

(2) y を x の式で表しなさい。

[　　　　　　　　　]

2 重さ80gのかごに，1個の重さが3gのさくらんぼを入れていく。このかごにさくらんぼを x 個入れたときの全体の重さを y g とするとき，次の問いに答えなさい。　　各**4**点

(1) $x=0$ のときの y の値を求めなさい。　　[　　　　　　]

(2) $x=1$ のときの y の値を求めなさい。　　[　　　　　　]

(3) $x=4$ のときの y の値を求めなさい。　　[　　　　　　]

(4) $x=8$ のときの y の値を求めなさい。　　[　　　　　　]

(5) y を x の式で表しなさい。

[　　　　　　　　　]

●**Memo** 覚えておこう●

● 1次関数

　　x の値が1つ決まると，それに対応する y の値が1つに決まるとき，y は x の関数であるという。

　　y が x の関数で，y と x の関係が

　　　　$y=ax+b$ （a，b は定数）

の形で表されているとき，y は x の1次関数であるという。

3 次の文で，x と y の関係を式で表しなさい。 ……………… 各**10**点

(1) 縦 x cm，横 8 cm の長方形の面積が y cm^2 である。

[   ]

(2) 水が100L 入っている水そうに毎分 5 L ずつ水を入れたときの，x 分後の水そうの中の水の量を y L とする。

[   ]

(3) 300ページの本を，1 日 5 ページずつ x 日間読むと，残りのページ数は y ページになる。

[   ]

4 次の式で，y が x の 1 次関数であるものをすべて選び，記号で答えなさい。
……………………………… **10**点

ア $y=-x+1$ イ $y=x^2$ ウ $xy=1$

エ $x+y=-5$ オ $y=-\dfrac{1}{2}x$ カ $y=\dfrac{3}{x}$

キ $y=\dfrac{x+1}{2}$ ク $y=1-x$ ケ $x(y+3)=3$

[   ]

5 右の図の△ABC は ∠B＝90°の直角三角形で，点 P は辺BC 上をCからBまで動く。CP＝x cm のときの，△ABP の面積を y cm^2 とする。次の問いに答えなさい。
……………………………… 各**10**点

(1) $x=3$ のときの y の値を求めなさい。

[   ]

(2) $x=8$ のときの y の値を求めなさい。

[   ]

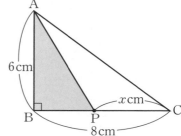

(3) y を x の式で表しなさい。

[   ]

40 変化の割合①

1 1次関数 $y=3x-2$ について，次の問いに答えなさい。

(1) **7**点　(2), (3)□ 各**3**点

(1) 下の表は，x の値に対応する y の値を表にしたものである。この表を完成させなさい。

x	0	1	2	3	4	5	6
y		1		7	10		

(2) 次の□にあてはまる数を書き入れなさい。

x の値が 1 から 3 まで増加するとき，x の増加量は□である。

このとき，y の値は□から□まで，□増加する。つまり，y の増加量は□である。したがって，$\dfrac{y\,の増加量}{x\,の増加量}=$□である。

(3) (2)と同様にして，□にあてはまる数を書き入れなさい。

x の値が 2 から 5 まで増加するとき，x の増加量は□である。このとき，y の増加量は□である。したがって，$\dfrac{y\,の増加量}{x\,の増加量}=$□である。

注意 (2), (3)とも $\dfrac{y\,の増加量}{x\,の増加量}$ は同じ値になったはずである。$\dfrac{y\,の増加量}{x\,の増加量}$ を変化の割合という。

2 1次関数 $y=4x-1$ について，次の問いに答えなさい。　[　] 各**3**点

(1) x の値が 1 から 3 まで増加するとき，x の増加量と y の増加量を求めなさい。

x の増加量 [　　　　　]　y の増加量 [　　　　　]

(2) (1)のとき，変化の割合 $\left(\dfrac{y\,の増加量}{x\,の増加量}\right)$ を求めなさい。　[　　　　　]

(3) x の値が 2 から 5 まで増加するとき，変化の割合を求めなさい。

[　　　　　]

3 1次関数 $y=-2x+3$ について，次の問いに答えなさい。 ……………… [ ] 各**5**点

(1) x の値が 1 から 3 まで増加するとき，x の増加量と y の増加量を求めなさい。
（減少するときは「－」を使って表しなさい。）

x の増加量 $\Big[\qquad\Big]$　y の増加量 $\Big[\qquad\Big]$

(2) x の値が 1 から 3 まで増加するとき，変化の割合を求めなさい。

$\Big[\qquad\Big]$

(3) x の値が 3 から 6 まで増加するとき，x の増加量と y の増加量を求めなさい。

x の増加量 $\Big[\qquad\Big]$　y の増加量 $\Big[\qquad\Big]$

(4) x の値が 3 から 6 まで増加するとき，変化の割合を求めなさい。

$\Big[\qquad\Big]$

> **ポイント**
>
> ●**1次関数の変化の割合**
>
> 　1次関数 $y=ax+b$ において，変化の割合 $\left(\dfrac{y \text{の増加量}}{x \text{の増加量}}\right)$ はつねに一定で，
> その値は a になる。

4 次の1次関数の変化の割合を求めなさい。 ………………………… 各**6**点

(1) $y=4x+3$

$\Big[\qquad\Big]$

(2) $y=\dfrac{2}{3}x-4$

$\Big[\qquad\Big]$

5 次の1次関数において，x の値が 2 増加したときの y の増加量を求めなさい。
………………………………………………………………………… 各**6**点

(1) $y=3x-1$

> **ヒント** $3=\dfrac{y \text{の増加量}}{x \text{の増加量}}$

$\Big[\qquad\Big]$

(2) $y=-4x+5$

$\Big[\qquad\Big]$

41 変化の割合②

1 右の図は，$y=2x$ のグラフである。次の □ にあてはまる数を書き入れなさい。

各3点

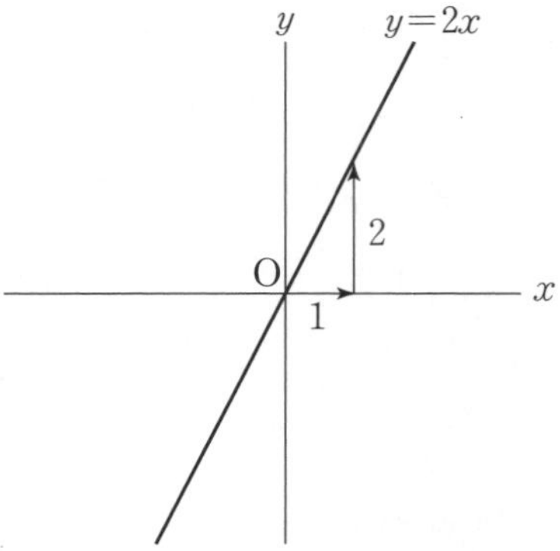

1次関数 $y=2x$ では，変化の割合は 2 であるから，x の値が 1 増加すると y の値は □ 増加する。

また，x の値が 2 増加すると y の値は □ 増加する。

$y=2x$ のグラフでは，右へ 1 進むと，上へ □ 進む。また，右へ 2 進むと，上へ □ 進む。

2 右の図は，$y=3x$ と $y=ax$ $(a>0)$ のグラフである。次の □ にあてはまる数や文字を書き入れなさい。

各4点

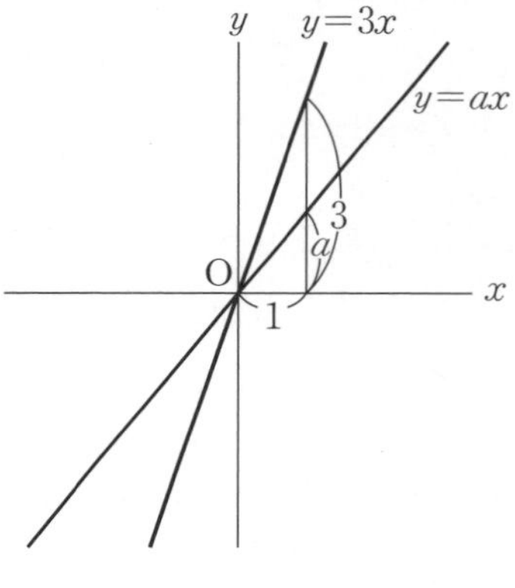

(1) 1次関数 $y=3x$ では，変化の割合は □ であるから，x の値が 1 増加すると，y の値は □ 増加する。$y=3x$ のグラフでは，右へ 1 進むと，上へ □ 進む。

x の増加量が 1 のときの y の増加量を傾きという。

$y=3x$ のグラフの傾きは □ である。

(2) 1次関数 $y=ax$ では，変化の割合は □ であるから，x の値が 1 増加すると，y の値は □ 増加する。$y=ax$ のグラフでは，右へ 1 進むと，上へ □ 進む。

$y=ax$ のグラフの傾きは □ である。

(3) 以上のことから，$y=ax$ の変化の割合 □ は，$y=ax$ のグラフの傾きに等しい。

(4) 1次関数 $y=4x$ では，変化の割合は □ であるから，$y=4x$ のグラフの傾きは □ である。

3 右の図は，$y=-2x$ と $y=\dfrac{1}{2}x$ のグラフである。次の ☐ にあてはまる数を書き入れなさい。 ………………… 各**3**点

(1) $y=-2x$ のグラフでは，右へ 1 進むと，上へ

☐ 進む。つまり，下へ ☐ 進む。1 次関

数 $y=-2x$ では，変化の割合は ☐ であるから，

$y=-2x$ のグラフの傾きは ☐ である。

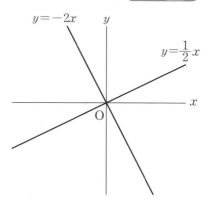

(2) $y=\dfrac{1}{2}x$ のグラフでは，右へ 1 進むと，上へ

☐ 進む。つまり，右へ 2 進むと，上へ ☐

進む。1 次関数 $y=\dfrac{1}{2}x$ では，変化の割合は ☐ であるから，$y=\dfrac{1}{2}x$ のグラフ

の傾きは ☐ である。

> **ポイント**
>
> ●1次関数のグラフの傾き
>
> $y=ax+b$ のグラフの傾きは，1 次関数 $y=ax+b$ の変化の割合 a に等しい。

4 次のグラフの傾きを求めなさい。 ………………… 各**4**点

(1) $y=6x-3$ のグラフ

[　　　]

(2) $y=-\dfrac{2}{3}x$ のグラフ

[　　　]

(3) $y=-x$ のグラフ

[　　　]

(4) 右の図で，①のグラフ

[　　　]

(5) 右の図で，②のグラフ

[　　　]

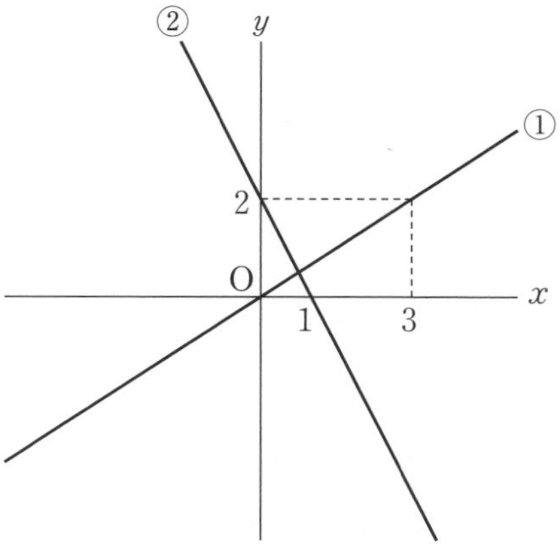

42 1次関数のグラフ①

1 下の指示にしたがって，$y=2x$ のグラフをかきなさい。 ········· **15点**

① 　$y=2x$ のグラフは，原点を通り傾きが 2 の直線であることより，原点から右へ 1，上へ 2 だけ進んだ点をとりなさい。

② 　①でとった点から，右へ 1，上へ 2 だけ進んだ点をとりなさい。

③ 　②でとった点から，右へ 1，上へ 2 だけ進んだ点をとりなさい。

④ 　①，②，③でとった点と原点を結んだ直線をかきなさい。（グラフ用紙の端から端までかくこと。）

注意 $y=2x$ のグラフは直線である。

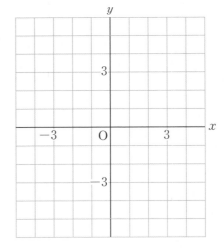

2 下の指示にしたがって，$y=-3x$ のグラフをかきなさい。 ········· **15点**

① 　$y=-3x$ のグラフは，原点を通り傾きが -3 の直線である。原点から右へ 1，上へ -3，つまり，下へ 3 だけ進んだ点をとりなさい。

② 　①でとった点から，右へ 1，下へ 3 だけ進んだ点をとりなさい。

③ 　①，②でとった点と原点を結んだ直線をかきなさい。（グラフ用紙の端から端までかくこと。）

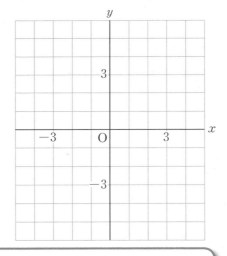

─●**Memo** 覚えておこう●─

●$y=ax$ のグラフのかき方
① 　原点から右へ 1，上へ a（a の値が負の場合は下へ a の絶対値）だけ進んだ点をとる。同様にして，他にも点をとる。
② 　原点と①でとった点を結び，直線をひく。

3 次の □ にあてはまる数を書き入れて，$y = \dfrac{2}{3}x$ のグラフをかきなさい。

各**4**点　グラフ**10**点

$y = \dfrac{2}{3}x$ のグラフは，原点を通り，傾き

が □ の直線である。このグラフでは，

原点から右へ 1 進むと，上へ □ だけ

進む。つまり，原点から右へ 3 進むと，上

へ □ だけ進む。

　したがって，$y = \dfrac{2}{3}x$ のグラフは，原点，

$\left(3,\ \boxed{}\right)$，$\left(6,\ \boxed{}\right)$ などの点を通る直線である。

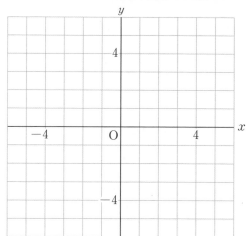

4 次の関数のグラフをかきなさい。

各**10**点

(1) $y = 4x$

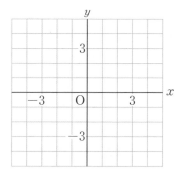

(2) $y = -2x$

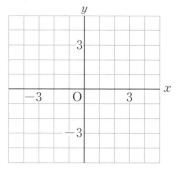

(3) $y = \dfrac{3}{2}x$

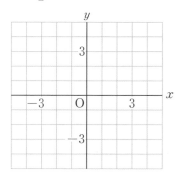

(4) $y = -\dfrac{2}{3}x$

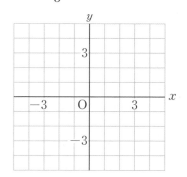

43  1次関数のグラフ②

 月　日 　　点　　答えは別冊25ページ

1 1次関数 $y=3x-2$ について，次の問いに答えなさい。

(1) **4**点　(2), (3) 各**5**点

(1) 下の x の値に対応する y の値の表を完成させなさい。

x	-1	0	1	2
y				

(2) $y=3x-2$ のグラフをかきなさい。

(3) $y=3x$ のグラフをかきなさい。

注意 2つのグラフの関係を考えてみること。

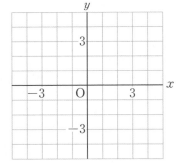

2 次の(1), (2)の1次関数について，下の x の値に対応する y の値の表を完成させなさい。また，グラフもかきなさい。　表 各**5**点　グラフ 各**5**点

(1) $y=-2x+1$

x	-2	-1	0	1	2
y					

(2) $y=-2x-2$

x	-2	-1	0	1	2
y					

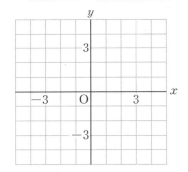

3 次の(1), (2)の1次関数について，下の x の値に対応する y の値の表を完成させなさい。また，グラフもかきなさい。　表 各**5**点　グラフ 各**5**点

(1) $y=\dfrac{1}{2}x+1$

x	-4	-2	0	2	4
y					

(2) $y=\dfrac{1}{2}x-2$

x	-4	-2	0	2	4
y					

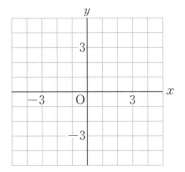

4 次の(1)，(2)の1次関数について，下の表を完成させなさい。（x の値を各自でとり，それに対応する y の値を求めること。）また，グラフもかきなさい。

(1)　$y = -\dfrac{2}{3}x + 2$

x				
y				

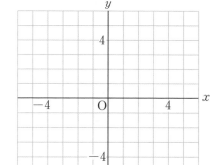

(2)　$y = -\dfrac{2}{3}x - 3$

x				
y				

5 次の文は，**1**〜**4** の式とグラフから得られた考察である。 ア ， イ にあてはまる言葉を書きなさい。 各**5**点

　1〜**4** の2つの1次関数の式において，それぞれ x の ア は等しい。

　また，2つのグラフは互いに イ になっている。すなわち，2つの1次関数の式において，x の ア が等しければ，2つのグラフは イ になる。

ア [　　　　　　　] イ [　　　　　　　]

●**Memo** 覚えておこう●

　●**1次関数のグラフの平行**
　　1次関数 $y = ax + b$ と $y = cx + d$ のグラフにおいて，
　　$a = c$ ならば，2つのグラフは平行である。

6 次の問いに答えなさい。 (1)**10**点 (2)**6**点

(1)　次の1次関数のグラフのうち，平行になるものの組をすべて選びなさい。

　　ア　$y = 5x + 1$ 　　　　　イ　$y = \dfrac{1}{5}x - 4$ 　　　　　ウ　$y = -\dfrac{1}{5}x - 4$

　　エ　$y = -\dfrac{1}{5}x$ 　　　　　オ　$y = -5x - 1$ 　　　　　カ　$y = 5x - 5$

[　　　　　　　　　　　]

(2)　$y = -2x$ のグラフに平行なグラフの式の例を1つ書きなさい。

[　　　　　　　　　　　]

44 1次関数のグラフ③

答えは別冊26ページ

月　　　日　　　　　点

1 次の(1)～(3)の1次関数について，下の表を完成させなさい。また，グラフもかきなさい。 ………… 表 各**6**点　グラフ 各**4**点

(1) $y=x+1$

x	-2	-1	0	1	2	3
y						

(2) $y=-2x+1$

x	-2	-1	0	1	2	3
y						

(3) $y=-\dfrac{1}{2}x+1$

x	-4	-2	0	2	4	6
y						

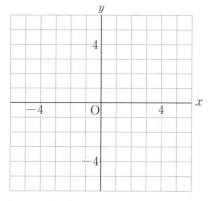

2 次の(1)～(3)の1次関数について，下の表を完成させなさい。また，グラフもかきなさい。 ………… 表 各**6**点　グラフ 各**4**点

(1) $y=x-3$

x						
y						

(2) $y=-2x-3$

x						
y						

(3) $y=\dfrac{1}{2}x-3$

x						
y						

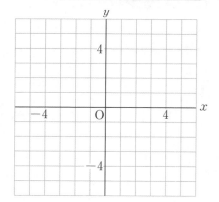

3 ①, ②でかいたグラフについて, 次の□□にあてはまる数を書き入れなさい。

3 つの関数 $y=x+1$, $y=-2x+1$, $y=-\dfrac{1}{2}x+1$ において, $y=ax+b$ の形の式とみたとき, b の値はすべて □ である。したがって, この 3 つの関数のグラフはすべて同じ点 (□ , □) で y 軸と交わっている。また, 3 つの関数 $y=x-3$, $y=-2x-3$, $y=\dfrac{1}{2}x-3$ において, $y=ax+b$ の形の式とみたとき, b の値はすべて □ である。したがって, この 3 つの関数のグラフはすべて同じ点 (□ , □) で y 軸と交わっている。一般に, 1 次関数 $y=ax+b$ のグラフは, y 軸上の点 $(0,\ b)$ を通る。また, b のことを, このグラフの **切片** という。

> **ポイント**
>
> ● **1 次関数のグラフの切片**
>
> 1 次関数 $y=ax+b$ のグラフは, 点 $(0,\ b)$ で y 軸と交わる。b のことを, このグラフの切片という。

4 次の 1 次関数のグラフの, ①y 軸との交点の座標, ②切片をそれぞれ求めなさい。

(1) $y=-2x+4$　　　　　　① [　　　　　] ② [　　　　　]

(2) $y=x-5$　　　　　　① [　　　　　] ② [　　　　　]

(3) $y=\dfrac{1}{2}x-1$　　　　　① [　　　　　] ② [　　　　　]

5 次の 1 次関数のグラフの傾きと切片を答えなさい。

> **ヒント** $y=ax+b$ の傾きは a, 切片は b

(1) $y=-3x+7$　　　　　傾き [　　　　　] 切片 [　　　　　]

(2) $y=\dfrac{2}{3}x-\dfrac{1}{3}$　　　　傾き [　　　　　] 切片 [　　　　　]

45 １次関数のグラフ④

1 次の□□にあてはまる数を書き入れて，$y=2x-3$ のグラフをかきなさい。

□□各**3**点　グラフ**8**点

$y=2x-3$ のグラフは，切片が □□ である

から，点$\left(0,\ \boxed{}\right)$を通る。この点を右の座

標平面上にとる。次に，傾き(かたむき)が２であることより，

この点から右へ１，上へ２だけ進んだ点

$\left(\boxed{},\ \boxed{}\right)$をとる。この２点を通る

直線をひく。

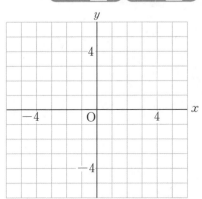

─●**Memo**覚えておこう●─

●$y=ax+b$ のグラフのかき方
$y=ax+b$ ($a>0$) のグラフは y 軸(じく)上の点$(0,\ b)$を通る。また，この点から，右へ１，上へ a だけ進んだ点を通るから，この２点を通る直線をひけばよい。

2 次の１次関数のグラフをかきなさい。　　　　　　各**10**点

(1)　$y=2x-4$

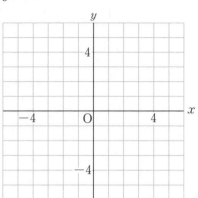

(2)　$y=-2x+3$

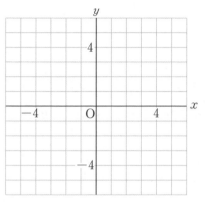

3 次の □ にあてはまる数を書き入れて，$y=\dfrac{2}{3}x+2$ のグラフをかきなさい。

$y=\dfrac{2}{3}x+2$ のグラフは，切片が □ である

から，点 $\left(0,\ \boxed{}\right)$ を通る。また，傾きが $\dfrac{2}{3}$

であるから，この点から右へ 3，上へ 2 だけ進ん

だ点 $\left(\boxed{},\ \boxed{}\right)$ を通る。この 2 点を

通る直線をひく。

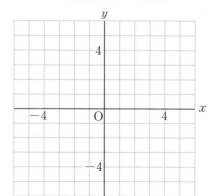

4 次の 1 次関数のグラフをかきなさい。

(1)　$y=\dfrac{1}{2}x+1$

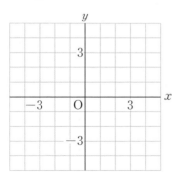

(2)　$y=\dfrac{3}{4}x-2$

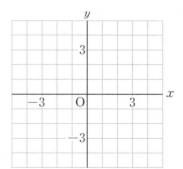

(3)　$y=-\dfrac{1}{2}x-4$

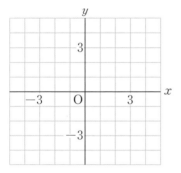

(4)　$y=-\dfrac{4}{3}x+3$

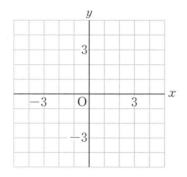

46 1次関数の式の求め方①

月　日　点　答えは別冊27ページ

1 yがxの1次関数で，そのグラフの傾き（かたむ）と切片が次のように与えられているとき，この1次関数の式を求めなさい。 各6点

ポイント

●**グラフの傾きがa，切片がbである1次関数の式**

$y=ax+b$

(1) 傾きが3，切片が8

[　　　　　　]

(2) 傾きが-4，切片が-5

[　　　　　　]

(3) 傾きが-1，切片が10

[　　　　　　]

(4) 傾きが$\frac{1}{3}$，切片が0

[　　　　　　]

2 右の図で，直線Ⓐ～Ⓒの傾きと切片から，直線の式を次のようにして求めた。□の中にあてはまる数や式，座標を書き入れなさい。 □各2点

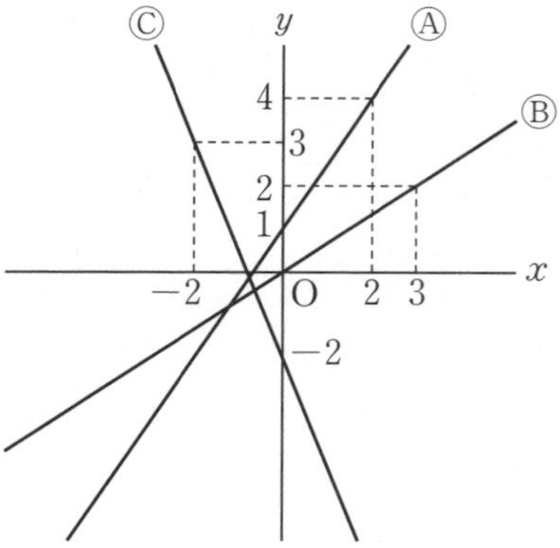

(1) 直線Ⓐでは，xの値が2増加するとyの値は□増加するから，傾きは□である。

この直線とy軸（じく）との交点の座標は点(0, 1)だから，切片は□である。よって，直線Ⓐの式は□である。

(2) 直線Ⓑでは，傾きは□，y軸との交点の座標は□，切片は□だから，直線Ⓑの式は□である。

(3) 直線Ⓒでは，傾きは□，y軸との交点の座標は□，切片は□だから，直線Ⓒの式は□である。

3 下の図の直線の式を求めなさい。 ……………………………… 各**7**点

(1)

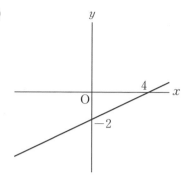

[   ]

(2)

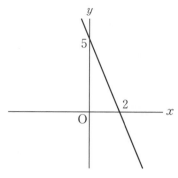

[   ]

(3)

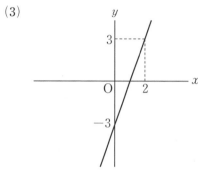

[   ]

(4)

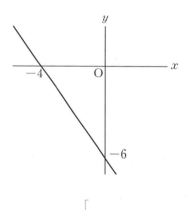

[   ]

4 右の図の直線(1)〜(4)の式を求めなさい。 ……………………… 各**6**点

(1) [   ]

(2) [   ]

(3) [   ]

(4) [   ]

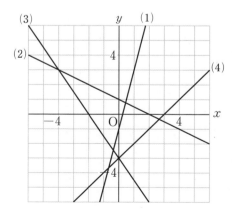

47 1次関数の式の求め方②

1 y が x の1次関数で，そのグラフの傾きが -2 で，点 $(3, -2)$ を通るとき，この1次関数の式を次のようにして求めた。□の中にあてはまる数や式を書き入れなさい。 ………………………… 各**6**点

　一般に，1次関数の式は，$y = ax + b$ と表される。グラフの傾きが -2 だから，$a = -2$

よって，この1次関数の式は，$y = \boxed{} x + b$ ……① とおける。

グラフが点 $(3, -2)$ を通るから，①の式に $x = 3$，$y = -2$ を代入すると

$\boxed{} = -2 \times \boxed{} + b$

これを b について解くと　$b = \boxed{}$

よって，求める1次関数の式は，$\boxed{}$ である。

> **ポイント**
>
> ● 1次関数の式の求め方の基本
>
> 　グラフの傾きを a，切片を b として，$y = ax + b$ とおく。

---

2 次の1次関数の式を求めなさい。 ………………………… 各**7**点

(1) グラフの傾きが1で，点 $(-3, 5)$ を通る。

$\left[\right]$

(2) グラフの傾きが -4 で，点 $(-2, 8)$ を通る。

$\left[\right]$

(3) グラフの傾きが $\dfrac{1}{3}$ で，点 $(6, 4)$ を通る。

$\left[\right]$

3 次の1次関数の式を求めなさい。 ･････････････････････････ 各**7**点

(1) グラフが直線 $y=3x$ に平行で，点$(-1,4)$を通る。

> **ヒント** 平行な直線は傾きが等しいので，$y=3x+b$ とおける。

[ ]

(2) グラフが直線 $y=-2x+4$ に平行で，点$(-3,5)$を通る。

[ ]

(3) グラフが直線 $y=-5x-2$ に平行で，原点を通る。

[ ]

(4) グラフが直線 $y=-\dfrac{2}{3}x+\dfrac{1}{2}$ に平行で，点$(1,2)$を通る。

[ ]

4 次の1次関数の式を求めなさい。 ･････････････････････････ 各**7**点

(1) グラフの切片が2で，点$(4,0)$を通る。

> **ヒント** $y=ax+b$ とおくと，
> 切片が2より，$b=2$

[ ]

(2) グラフが x 軸と点$(-3,0)$，y 軸と点$(0,-2)$で交わる。

> **ヒント** y 軸と点$(0,-2)$で交わる → 切片が-2

[ ]

(3) グラフの傾きが $-\dfrac{3}{2}$ で，点$(3,-2)$を通る。

[ ]

48 1次関数の式の求め方③

1 グラフが2点(3, 5)，(−1, −3)を通る1次関数の式を求めたい。次の問いに答えなさい。 各**5**点

(1) グラフが2点(3, 5)，(−1, −3)を通ることから，グラフの傾きを求めなさい。

$$[\qquad\qquad]$$

(2) グラフの切片を b として，この1次関数の式を x ，y の式で表しなさい。

$$[\qquad\qquad]$$

(3) グラフが点(3, 5)を通ることから，b の値を求めなさい。

$$[\qquad\qquad]$$

(4) (1), (2), (3)より，グラフが2点(3, 5)，(−1, −3)を通る1次関数の式を求めなさい。

$$[\qquad\qquad]$$

─**●Memo**覚えておこう●─

●**グラフが通る2点の座標がわかっている1次関数の式の求め方**
　2点の座標から，グラフの傾きを求めて，通る1点の座標を式に代入して切片を求める。略図(グラフのおおよその形)をかくと，わかりやすい。
　※$y＝ax＋b$ とおいて，2点の座標を代入し，a, b についての連立方程式をつくって求めてもよい。

2 **1**のやり方にならい，次の1次関数の式を求めなさい。 各**10**点

(1) グラフが2点(−1, 6)，(3, 10)を通る。

$$[\qquad\qquad]$$

(2) グラフが2点(5, 2)，(3, 6)を通る。

$$[\qquad\qquad]$$

3 下の図の直線の式を求めなさい。 ･･･････････････････････････ 各**10**点

(1)

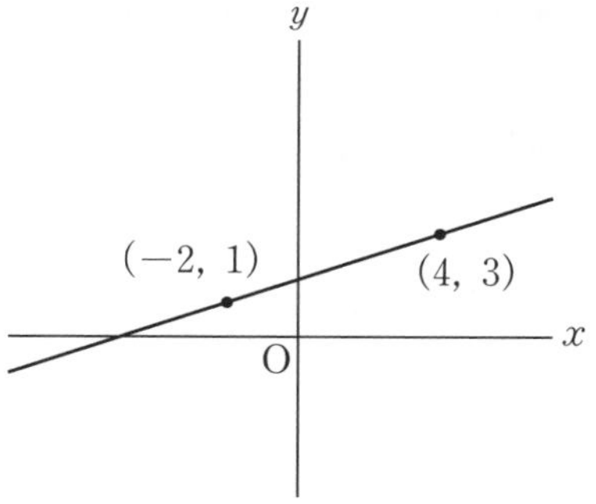

(2)

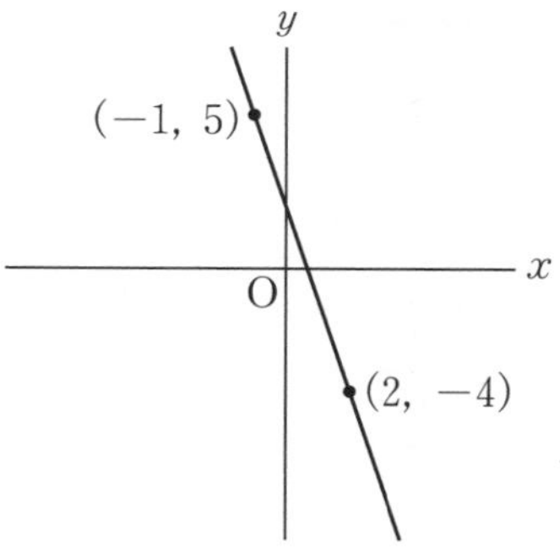

[   ]   [   ]

4 座標平面上に，3 点 A(0, 2)，B(1, 5)，C(5, 1)があるとき，次の問いに答えなさい。 ･･･････････････････････････ 各**10**点

(1) 直線 AB の式を求めなさい。

[   ]

(2) 直線 BC の式を求めなさい。

[   ]

(3) 直線 AC の式を求めなさい。

[   ]

5 x 軸上の x 座標が -3 の点と，点$(-1, 1)$を通る直線の式を求めなさい。 ･･･････････････････････････ **10**点

[   ]

月　　日　　　点　　答えは別冊29ページ

1 2元1次方程式 $x+2y-4=0$ について，次の問いに答えなさい。

(1)**8**点　(2)各**5**点　(3), (4)各**8**点

(1) この方程式について，x の値に対応する y の
値を求め，下の表を完成させなさい。

x	-4	-2	0	2	4	6
y						

(2) この方程式を y について解く。□にあて
はまる式を書き入れなさい。

〔解〕　$x+2y-4=0$

$2y=$ □　　　$y=$ □

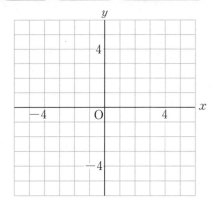

(3) この方程式のグラフをかきなさい。

(4) (1)の表の x，y の値の組を座標とする点をとりなさい。

2 2元1次方程式 $3x-4y+8=0$ について，次の問いに答えなさい。　…各**5**点

(1) この方程式を y について解きなさい。

[　　　　　　　　　　]

(2) この方程式のグラフの傾きを求めなさい。

[　　　　　　　]

(3) この方程式のグラフの切片を求めなさい。

[　　　　　　　]

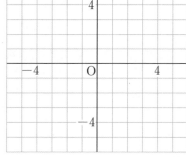

(4) この方程式のグラフをかきなさい。

ポイント

2元1次方程式 $ax+by+c=0$ は，$y=a'x+b'$ の形で表すことができるので，
y は x の1次関数であり，グラフは直線になる。（ただし，$a\neq0$）

3 次の方程式のグラフをかきなさい。 各**8**点

(1) $x+y-5=0$

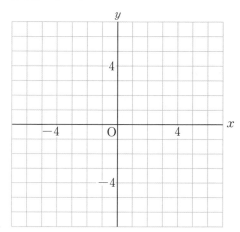

(2) $2x-y-4=0$

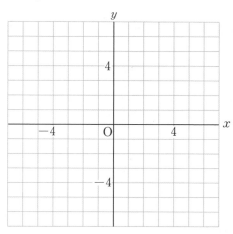

4 2元1次方程式 $2x-3y-6=0$ のグラフが通る点について，次の ☐ にあてはまる数を書き入れなさい。 各**5**点

方程式 $2x-3y-6=0$ において，$x=0$ のとき $y=$ ☐ ，$y=0$ のとき $x=$ ☐ である。したがって，グラフは2点

$$\left(0,\ \boxed{}\right),\ \left(\boxed{},\ 0\right)$$

を通る直線である。

5 次の方程式のグラフをかきなさい。 各**5**点

(1) $3x+2y-6=0$

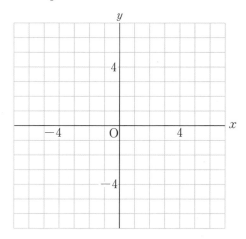

(2) $4x-3y-12=0$

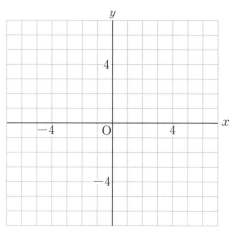

1 次の□にあてはまる数や文字を書き入れなさい。 ……………… □各**5**点

(1) 方程式 $y=3$ は，x がどんな値をとっても，いつでも $y=$ □ である。したがって，方程式 $y=3$ のグラフは，□ 軸に平行な直線である。

(2) 方程式 $x=-4$ は，y がどんな値をとっても，いつでも $x=$ □ である。したがって，方程式 $x=-4$ のグラフは，□ 軸に平行な直線である。

●**Memo** 覚えておこう●

m，n が定数のとき

$y=m$ のグラフは，x 軸に平行な直線である。とくに $y=0$ のグラフは x 軸に重なる。

$x=n$ のグラフは，y 軸に平行な直線である。とくに $x=0$ のグラフは y 軸に重なる。

2 右の座標平面を利用して，次の直線の式を求めなさい。 ……………… 各**6**点

(1) 点 $(2, 4)$ を通り，x 軸に平行な直線

[　　　　　]

(2) 点 $(1, -3)$ を通り，y 軸に平行な直線

[　　　　　]

(3) 2点 $(4, -2)$，$(0, -2)$ を通る直線

[　　　　　]

(4) 2点 $(-3, 2)$，$(-3, -3)$ を通る直線　　　　[　　　　　]

(5) 2点 $(5, 0)$，$(-2, 0)$ を通る直線　　　　[　　　　　]

3 右の図の直線(1)〜(5)の式を求めなさい。 ・・・・・・・・・・・・・・・・ 各**6**点

(1) $\bigg[\bigg]$

(2) $\bigg[\bigg]$

(3) $\bigg[\bigg]$

(4) $\bigg[\bigg]$

(5) $\bigg[\bigg]$

4 次の方程式のグラフをかきなさい。 ・・・・・・・・・・・・・・・・ 各**5**点

(1) $y+5=0$

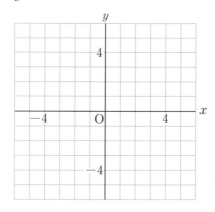

(2) $x-4=0$

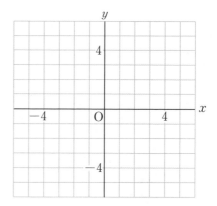

(3) $3y=9$

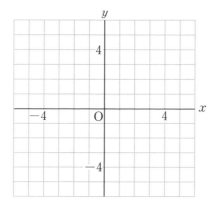

(4) $5x=-10$

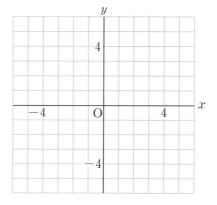

51 連立方程式とグラフ①

1 連立方程式 $\begin{cases} x+y=4 & \cdots\cdots① \\ -2x+y=-2 & \cdots\cdots② \end{cases}$ の解をグラフを使って求めたい。次の問いに答えなさい。 ………… 各**4**点

(1) ①の式を y について解きなさい。

$\left[\right]$

(2) ②の式を y について解きなさい。

$\left[\right]$

(3) ①，②のグラフをかきなさい。

(4) (3)でかいたグラフから交点の座標を読みとりなさい。

$\left[\right]$

(5) この連立方程式の解を計算で求めなさい。

$\left[x= , \ y= \right]$

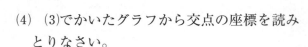

2 連立方程式 $\begin{cases} x+y=2 & \cdots\cdots① \\ x-y=4 & \cdots\cdots② \end{cases}$ について，次の問いに答えなさい。 ………… 各**5**点

(1) ①のグラフをかきなさい。

(2) ②のグラフをかきなさい。

(3) (1)，(2)でかいたグラフから交点の座標を読みとりなさい。

$\left[\right]$

(4) この連立方程式の解を計算で求めなさい。

$\left[x= , \ y= \right]$

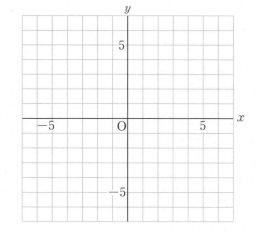

●**連立方程式の解とグラフ**

　x，y についての連立方程式の解は，2つの方程式のグラフの交点の x 座標，y 座標の組である。

3 次の連立方程式の解を，グラフをかいて求めなさい。 ……… グラフ，解 各**10**点

(1) $\begin{cases} 3x+y=1 \\ 2x-y=4 \end{cases}$

$\left[x=\qquad , y=\qquad \right]$

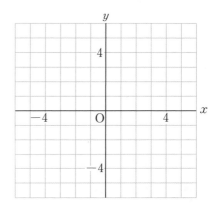

(2) $\begin{cases} 2x-y=5 \\ x-2y=1 \end{cases}$

$\left[x=\qquad , y=\qquad \right]$

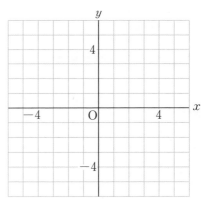

(3) $\begin{cases} 3x+2y=9 \\ y=0 \end{cases}$

$\left[x=\qquad , y=\qquad \right]$

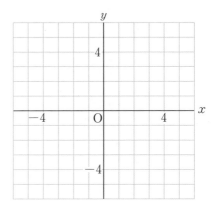

月　日　 点　答えは別冊31ページ

1 次の問いに答えなさい。 ………………………………… 各**10**点

(1) 連立方程式 $\begin{cases} x+y=1 \\ 2x-y=5 \end{cases}$ を解きなさい。

$$\left[\ x=\qquad,\ y=\qquad\right]$$

(2) (1)の結果を使って，2つの直線 $x+y=1$，$2x-y=5$ の交点の座標を求めなさい。

$$\left[\qquad\right]$$

> **ポイント**
>
> 2つの直線の交点の座標は，直線を表す2つの式を連立方程式として解いた解である。

2 次の2つの直線の交点の座標を求めなさい。 ………………… 各**10**点

(1) $x-y=-1$，$3x+y=13$

$$\left[\qquad\right]$$

(2) $3x-2y=-10$，$x-2y=-6$

$$\left[\qquad\right]$$

(3) $2x-y=5$，$3y=6$

$$\left[\qquad\right]$$

3 右の図のグラフについて，次の問いに答えなさい。 ………………… 各**10**点

(1) ①の直線の式を求めなさい。

[   ]

(2) ②の直線の式を求めなさい。

[   ]

(3) 直線①，②の交点の座標を，連立方程式を解いて求めなさい。

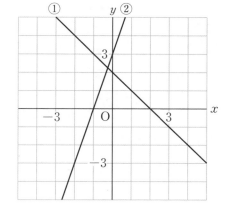

[   ]

注意 グラフ上で交点の座標が読みとれないときは，2つの直線を連立方程式とみて解く。

4 右の図で，直線 ℓ は，点$(-1, -3)$を通り，傾き2の直線，直線 m は，2点$(0, 2)$，$(3, 0)$を通る。次の問いに答えなさい。 ………………………… 各**4**点

(1) 直線 ℓ の式を求めなさい。

[   ]

(2) 直線 m の式を求めなさい。

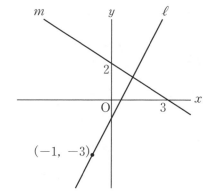

[   ]

(3) 直線 ℓ と直線 m の交点の座標を求めなさい。

[   ]

(4) 直線 ℓ と直線 $y=0$ の交点の座標を求めなさい。

[   ]

(5) 直線 ℓ と y 軸の交点の座標を求めなさい。

[   ]

53 1次関数の応用

月　　日　　点　　答えは別冊31ページ

1 右の表は，ある携帯電話会社の1か月あたりの電話代のプランであり，電話代は，基本使用料と通話時間に応じた通話料の合計金額としている。次の問いに答えなさい。

プラン	基本使用料 （1か月）	1分間あたり の通話料
A	1600円	30円
B	980円	40円

……… (1) 各 **6** 点 (2) **6** 点 (3) **10** 点

(1)　1か月の通話時間が x 分のときの電話代を y 円とする。2つのプランA，Bについて，それぞれ y を x の式で表しなさい。

プランA [　　　　　　　　　　]　プランB [　　　　　　　　　　]

(2)　2つのプランA，Bにおいて，1か月の電話代が等しくなるときの通話時間は何分か求めなさい。

[　　　　　　　　　　]

(3)　あかりさんは2つのプランのうちのどちらを選択しようか迷っている。あかりさんの1か月の通話時間の平均が50分であったなら，あなたは，あかりさんにどちらのプランを薦めたいか。プラン名とその理由も書きなさい。

[　　　　　　　　　　]

2 Aさんは，家から1200m離れた学校に行くため，午前8時ちょうどに家を出発し，毎分80mの速さで歩いて行った。Aさんが家を出発してから x 分後に，学校から y m の地点にいるものとして，次の問いに答えなさい。……… 各 **8** 点

(1)　$x=5$ のときの y の値を求めなさい。

注意 y は，家からAさんまでの距離ではないことに注意。

[　　　　　　　　　　]

(2)　x の変域を求めなさい。

[　　　　　　　　　　]

(3)　y を x の式で表しなさい。

[　　　　　　　　　　]

108

3 右の図は，AB＝6 cm，BC＝8 cm の長方形 ABCD である。点Pは点Aを出発し，毎秒2 cmの速さで，A→B→C→Dの順に動く。点Pが点Aを出発してから x 秒後の△APDの面積を y cm² とするとき，次の問いに答えなさい。 …………**各8点**

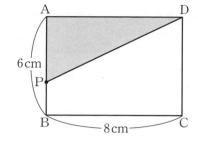

(1) $x=2$ のときの y の値を求めなさい。

ヒント 三角形の面積＝$\frac{1}{2}$×底辺×高さ

[   ]

(2) $0≦x≦3$ のとき，y を x の式で表しなさい。

[   ]

(3) $3≦x≦7$ のとき，y の値は一定の値をとる。その値を求めなさい。

[   ]

4 Pさんが A市を出発し，途中で休憩をしながら14km離れたB市まで行った。Pさんが A市を出発してから x 時間後に，A市から y km の地点にいるものとする。右の図は，そのときの x と y の関係をグラフで表したものである。次の問いに答えなさい。 ………………………**各8点**

(1) $0≦x≦2$ のとき，y を x の式で表しなさい。

[   ]

(2) Pさんが休憩した時間を求めなさい。

[   ]

(3) $3≦x≦5$ のとき，Pさんが進んだ速さは時速何kmか求めなさい。

ヒント 2点(3, 8)，(5, 14)を通る直線の傾きを求める。

[   ]

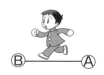

54 1次関数のまとめ

1 右の図で，直線 ℓ 上に2点A(3, 5)，
B(12, 2)があり，点Cは直線 ℓ と x 軸との交点である。また，点Pは x 軸上の点で，x 座標は正である。次の問いに答えなさい。

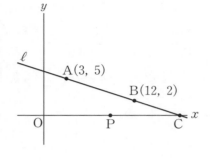

(1) 直線 ℓ の式を求めなさい。

[　　　　　　　　　　]

(2) 点Cの座標を求めなさい。

[　　　　　　　　　　]

(3) △AOPと△BPCの面積が等しくなるときの点Pの x 座標を求めなさい。

[　　　　　　　　　　]

2 右の図のように，3点A(0, 8)，B(−8, 0)，
C(4, 0)がある。線分OC上に点P(k, 0)をとり，
3点Q，R，Sをそれぞれ線分AC，AB，BO上にとって，正方形PQRSをつくる。次の問いに答えなさい。

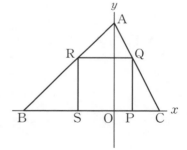

(1) 直線ACの式を求めなさい。

[　　　　　　　　　　]

(2) 点Qの y 座標を k の式で表しなさい。

[　　　　　　　　　　]

(3) 正方形PQRSの1辺の長さを求めなさい。ただし，座標の1目盛りを1cmとする。

[　　　　　　　　　　]

3 水そうAには2L，水そうBには8Lの水が入っている。いま，水そうAに毎分2Lの割合で水を入れ始め，それと同時に水そうBからは毎分1Lの割合で水を出し始めた。x分後の水そうA，Bそれぞれの水の量をyLとして，次の問いに答えなさい。 各**7**点

(1) 水そうAについて，yをxの式で表しなさい。

[   ]

(2) 水そうBについて，yをxの式で表しなさい。

[   ]

(3) (1)，(2)で求めた式が表すグラフをそれぞれかきなさい。

(4) 2つのグラフの交点の座標を読みとり，何分後に2つの水そうの水の量が同じになるかを求めなさい。

[   ]

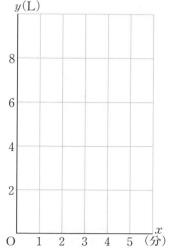

4 1200m離れた(はな)P地点とQ地点の間で，AさんはP地点を出発してQ地点に向かい，BさんはAさんと同時にQ地点を出発してP地点に向かう。右の図は，2人が出発してからx分後に，P地点からymの地点にいるものとして，xとyの関係をグラフで表したものである。次の問いに答えなさい。 各**8**点

(1) Aさんの速さは分速何mか求めなさい。

ヒント 速さ＝距離÷時間

[   ]

(2) Bさんの速さは分速何mか求めなさい。

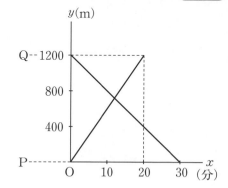

[   ]

(3) 2人が出会ったのは出発してから何分後か求めなさい。

ヒント 2つの直線の交点のx座標を求める。

[   ]

「中学基礎100」アプリ テスト前5科4択 で，スキマ時間にもテスト対策！

問題集

日常学習
テスト1週間前
『中学基礎がため100%』
シリーズに取り組む！

アプリ

定期テスト直前！
テスト必出問題を
「4択問題アプリ」で
チェック！

アプリの特長

『中学基礎がため100%』の
5教科各単元に
それぞれ対応したコンテンツ！
＊ご購入の問題集に対応した
コンテンツのみ使用できます。

テストに出る重要問題を
4択問題でサクサク復習！

間違えた問題は「解きなおし」で，
何度でもチャレンジ。
テストまでに100点にしよう！

＊アプリのダウンロード方法は，本書のカバーそで（表紙を開いたところ），または1ページ目をご参照ください。

中学基礎がため100%

できた！ 中2数学
計算・関数

2021年2月　第1版第1刷発行
2024年10月　第1版第6刷発行

発行人／泉田義則
発行所／株式会社くもん出版
〒141-8488
東京都品川区東五反田 2-10-2　東五反田スクエア 11F
☎ 代表　03(6836)0301
　　編集　03(6836)0317
　　営業　03(6836)0305

印刷・製本／TOPPAN株式会社

デザイン／佐藤亜沙美(サトウサンカイ)
カバーイラスト／いつか
本文イラスト／平林知子
本文デザイン／岸野祐美・永見千春・池本円(京田クリエーション)・坂田良子
編集協力／株式会社カルチャー・プロ

©2021 KUMON PUBLISHING Co.,Ltd. Printed in Japan
ISBN 978-4-7743-3105-8

くもん出版ホームページ　　https://www.kumonshuppan.com/

＊本書は『くもんの中学基礎がため100%　中2数学　計算・関数編』を改題し，新しい内容を加えて編集しました。

公文式教室では、随時入会を受けつけています。

KUMONは、一人ひとりの力に合わせた教材で、
日本を含めた世界60を超える国と地域に「学び」を届けています。
自学自習の学習法で「自分でできた!」の自信を育みます。

公文式独自の教材と、経験豊かな指導者の適切な指導で、
お子さまの学力・能力をさらに伸ばします。

お近くの教室や公文式
についてのお問い合わせは

ミン ナ ニ ヒャクテン
0120-372-100

受付時間 9:30～17:30　月～金（祝日除く）

教室に通えない場合、通信で学習することができます。

公文式通信学習　検 索

通信学習についての
詳細は
0120-393-373

受付時間 10:00～17:00　月～金(水・祝日除く)

お近くの教室を検索できます　　くもんいくもん　検 索

公文式教室の先生になることに
ついてのお問い合わせは

0120-834-414

くもんの先生　検 索

 公文教育研究会

公文教育研究会ホームページアドレス
https://www.kumon.ne.jp/

これだけは覚えておこう

──中2数学 計算・関数の要点のまとめ──

式の計算

① **多項式の計算**

- $2a + 3a = 5a$
- $5a + 2b + 3a = 8a + 2b$
- $(3a + 5b) - (2a - 3b)$
  $= 3a + 5b - 2a + 3b = a + 8b$
- $2(a + 3b) + 3(2a - b)$
  $= 2a + 6b + 6a - 3b = 8a + 3b$
- $2(a + 3b) - 3(2a - b)$
  $= 2a + 6b - 6a + 3b = -4a + 9b$

● **同類項**

　文字の部分が同じである項を同類項という。

● **同類項のまとめ方**

　同類項は，式の計算法則
　　$mx + nx = (m + n)x$
を使ってまとめることができる。

● **たて書きの計算**…同類項をたてにそろえて計算する。

- $(3x + 2y - 6) + (5x - 3y + 8)$

$$\begin{array}{r} 3x + 2y - 6 \\ +)\ 5x - 3y + 8 \\ \hline 8x - y + 2 \end{array}$$

- $(2x - 6y + 5) - (3x - 7y + 4)$

$$\begin{array}{r} 2x - 6y + 5 \\ -)\ 3x - 7y + 4 \\ \Downarrow \end{array}$$

$$\begin{array}{r} 2x - 6y + 5 \\ +)\ -3x + 7y - 4 \\ \hline -x + y + 1 \end{array}$$

② **単項式の乗除**

- $a \times 3b = 3ab$ 　　　　$2a \times 3b^2 = 6ab^2$
- $3x \times (-6y) = -18xy$
- $3x^2 \times (-5x^6) = -15x^8$ 　　　$3a^2b \times 4a^3 = 12a^5b$
- $a^5 \div a^3 = \dfrac{a \times a \times a \times a \times a}{a \times a \times a} = a^2$ 　　　$a^2 \div a^5 = \dfrac{a \times a}{a \times a \times a \times a \times a} = \dfrac{1}{a^3}$
- $\dfrac{2}{3}a^2 \div \left(-\dfrac{2}{5}ab\right) \times \dfrac{3}{5}b = -\dfrac{2a^2 \times 5 \times 3b}{3 \times 2ab \times 5} = -a$

③ **等式の変形**

- はじめの式を変形して x の値を求める式を導くことを，x について解くという。

中学基礎がため100%

できた！中2数学

計算・関数

別冊解答書
答えと考え方

1 答
(1) $6a$　　　(2) $-2a$
(3) $6a+5b$　　(4) $7a+4b$
(5) $5a+b$　　(6) $7a+2b$
(7) $7a-2b$　　(8) $11a-2b$
(9) $5a+2b$　　(10) $2a+2b$
(11) $7a+9b$　　(12) $a+b$
(13) $-a-9b$

考え方
(4) 与式$=5a+2a+4b=7a+4b$
(5) 与式$=4a+a+b=5a+b$
(7) 与式$=4a+3a-2b=7a-2b$
(9) 与式$=8a-3a+2b=5a+2b$
(10) 与式$=5a-3a+2b=2a+2b$
(12) 与式$=4a-3a+5b-4b$
　　　　$=a+b$
(13) 与式$=-4a+3a-5b-4b$
　　　　$=-a-9b$

2 答
(1) $3x-7y$　　(2) y
(3) $\boxed{12}x+\boxed{3}y+\boxed{10}$　(4) $12a+5$
(5) $3x+y+1$　　(6) $\boxed{4}x^2+\boxed{2}x$
(7) $3x^2+6x+8$
(8) $3x^2+2x-8$
(9) $\boxed{7}xy+\boxed{3}x-\boxed{7}$
(10) $-1.1x^2+6.6x$
(11) $\dfrac{19}{6}a^2+\dfrac{17}{12}a$

考え方
(1) 与式$=x+2x-3y-4y$
　　　　$=3x-7y$
(2) 与式$=x-x-3y+4y=y$
(11) 与式$=\dfrac{1}{2}a^2+\dfrac{8}{3}a^2-\dfrac{1}{3}a+\dfrac{7}{4}a$
　　　$=\dfrac{3}{6}a^2+\dfrac{16}{6}a^2$
　　　　$-\dfrac{4}{12}a+\dfrac{21}{12}a$
　　　$=\dfrac{19}{6}a^2+\dfrac{17}{12}a$

1 答
(1) $4a+9b$　　(2) $4a-b$
(3) $4a+b$　　(4) $9a-15$
(5) $7x-1$　　(6) $6x-7y$
(7) $a+6b$　　(8) $a-2b$

(1) 与式$=3a+5b+a+4b$
　　　　$=4a+9b$
(2) 与式$=3a-5b+a+4b$
　　　　$=4a-b$
(4) 与式$=5a-6+4a-9$
　　　　$=9a-15$
(6) 与式$=4x-3y+2x-4y$
　　　　$=6x-7y$
(7) 与式$=3a+2b-2a+4b$
　　　　$=a+6b$

考え方

2 答
(1) $-a+6b$　　(2) $-a-4b$
(3) $2a+8b-1$　　(4) $7x+8$
(5) $4x^2-5x-3$　　(6) $-a^2+7ab$
(7) $x-\dfrac{3}{2}y$

(1) 与式$=-3a+b+2a+5b$
　　　　　$=-a+6b$
(3) 与式
　　$=4a+7b+3-2a+b-4$
　　$=2a+8b-1$
(5) 与式
　　$=3x^2-2x-4+x^2-3x+1$
　　$=4x^2-5x-3$
(6) 与式
　　$=-2a^2+2ab-3b^2+a^2+5ab+3b^2$
　　$=-a^2+7ab$
(7) 与式$=\dfrac{3}{5}x-y+\dfrac{2}{5}x-\dfrac{1}{2}y$
　　　　$=x-\dfrac{3}{2}y$

考え方

3 答
(1) $5a-6b$　　(2) $-x+2y+2$
(3) $4x^2+2x-2$

1 答
(1) $a+9b$　　(2) $-2x-6y$
(3) $2x-5y$　　(4) $-2a+6b$
(5) $-3a+6b$　　(6) $6x-12$
(7) $6x+y$　　(8) $2x+25a$

(1) 与式$=3a+5b-2a+4b$
　　　　$=a+9b$
(2) 与式$=2x-3y-4x-3y$
　　　　$=-2x-6y$
(4) 与式$=3a-2b-5a+8b$
　　　　$=-2a+6b$
(6) 与式$=x-10+5x-2$
　　　　$=6x-12$

考え方

(7) 与式＝$4x-3y+2x+4y$
   ＝$6x+y$

(8) 与式＝$-5x+9a+7x+16a$
   ＝$2x+25a$

2 ⋛答 (1) $8a-8b$　　(2) $-43x^2+62x$

(3) $2x^2+x-5$　　(4) $7x^2+2x$

(5) $-22x^2+12x-6$

(6) $8a^2-7ab$　　(7) $-\dfrac{1}{2}x+\dfrac{19}{12}y$

(1) 与式＝$5a-6b+3a-2b$
   ＝$8a-8b$

(3) 与式＝$3x^2-2x-4-x^2+3x-1$
   ＝$2x^2+x-5$

(5) 与式
   ＝$-15x^2+7x-3-3+5x-7x^2$
   ＝$-22x^2+12x-6$

(6) 与式
   ＝$4a^2-5ab+3b+4a^2-2ab-3b$
   ＝$8a^2-7ab$

(7) 与式＝$x+\dfrac{1}{3}y-\dfrac{3}{2}x+\dfrac{5}{4}y$
   ＝$-\dfrac{1}{2}x+\dfrac{19}{12}y$

3 ⋛答 (1) $-2y$　　(2) $3x+4y-2$

(3) $5x^2-8x+6$

(2) 次のように考えてもよい。

$$\begin{array}{r} 4x-2y+3 \\ -)\underline{x-6y+5} \end{array} \Rightarrow \begin{array}{r} 4x-2y+3 \\ +)\underline{-x+6y-5} \\ 3x+4y-2 \end{array}$$

④ 多項式の計算④　P.10-11

1 ⋛答 (1) $8a+4b$　　(2) $6a+15b$

(3) $2a-6b$　　(4) $6a-10b+2$

(5) $-12a+3b$　　(6) $-3a+3b$

(7) $-2x-4$　　(8) $-15x+5y-10z$

(9) $2x-4y$　　(10) $5x+a$

(11) $4a-2b$　　(12) $-3x+4y$

(13) $-3x-\dfrac{3}{2}y$　　(14) $3x-2y-1$

(1) $4\overbrace{(2a+b)}=4\times2a+4\times b$ のように，数とそれぞれの項との積を求める。符号に注意すること。

2 ⋛答 (1) $2x-3y$　　(2) $2a+b$

(3) $6a-2b$　　(4) $7x-5y+4$

(5) $3x+y-5$

(6) $\dfrac{7}{4}a+\dfrac{5}{4}b+\dfrac{3}{2}$

(1) 与式＝$\dfrac{6x}{3}-\dfrac{9y}{3}$
   ＝$2x-3y$

(2) 与式＝$\dfrac{10a}{5}+\dfrac{5b}{5}$
   ＝$2a+b$

(3) 与式＝$\dfrac{24a}{4}-\dfrac{8b}{4}$
   ＝$6a-2b$

(4) 与式＝$\dfrac{21x}{3}-\dfrac{15y}{3}+\dfrac{12}{3}$
   ＝$7x-5y+4$

(5) 与式＝$\dfrac{18x}{6}+\dfrac{6y}{6}-\dfrac{30}{6}$
   ＝$3x+y-5$

(6) 与式＝$\dfrac{14}{8}a+\dfrac{10}{8}b+\dfrac{12}{8}$
   ＝$\dfrac{7}{4}a+\dfrac{5}{4}b+\dfrac{3}{2}$

⑤ 多項式の計算⑤　P.12-13

1 ⋛答 (1) $9a+4b$　　(2) $8x-13y$

(3) $3a-8b$　　(4) $13x+y$

(1) 与式＝$6a-2b+3a+6b$
   ＝$9a+4b$

(2) 与式＝$6x-15y+2x+2y$
   ＝$8x-13y$

(3) 与式＝$6a-2b-\boxed{3}a-\boxed{6}b$
   ＝$3a-8b$

(4) 与式＝$15x-3y-2x+4y$
   ＝$13x+y$

2 ⋛答 (1) $8a+2b-4$

(2) $7x-11y+2$

(3) $-x-7y-2$

(4) $18x+15y-15$

左段上：

(1) 与式 $=4a+4+4a+2b-8$
    $=8a+2b-4$
(2) 与式 $=3x-9y+4x-2y+2$
    $=7x-11y+2$
(3) 与式 $=3x-9y-4x+2y-2$
    $=-x-7y-2$
(4) 与式
    $=24x+6y-12-6x+9y-3$
    $=18x+15y-15$

考え方

③ 答
(1) $\dfrac{4a+b}{6}$　　(2) $\dfrac{11x-7y}{6}$

(3) $\dfrac{a-4b}{4}$　　(4) $\dfrac{2a+22b}{15}$

(5) $\dfrac{x-27y}{12}$　　(6) $\dfrac{10x-11y}{9}$

(1) 与式 $=\dfrac{\boxed{2}(a+b)}{6}+\dfrac{2a-b}{6}$

$=\dfrac{\boxed{2}(a+b)+2a-b}{6}$

$=\dfrac{\boxed{2a+2b}+2a-b}{6}$

$=\dfrac{4a+b}{6}$

(2) 与式 $=\dfrac{3(3x-5y)}{6}+\dfrac{2(x+4y)}{6}$

$=\dfrac{3(3x-5y)+2(x+4y)}{6}$

$=\dfrac{9x-15y+2x+8y}{6}$

$=\dfrac{11x-7y}{6}$

(3) 与式 $=\dfrac{3a+2b}{4}-\dfrac{2(a+3b)}{4}$

$=\dfrac{3a+2b-2(a+3b)}{4}$

$=\dfrac{3a+2b-2a-6b}{4}$

$=\dfrac{a-4b}{4}$

(4) 与式 $=\dfrac{3(4a-b)}{15}-\dfrac{5(2a-5b)}{15}$

$=\dfrac{3(4a-b)-5(2a-5b)}{15}$

$=\dfrac{12a-3b-10a+25b}{15}$

$=\dfrac{2a+22b}{15}$

考え方

右段上：

(5) 与式 $=\dfrac{2(2x-3y)}{12}-\dfrac{3(x+7y)}{12}$

$=\dfrac{2(2x-3y)-3(x+7y)}{12}$

$=\dfrac{4x-6y-3x-21y}{12}$

$=\dfrac{x-27y}{12}$

(6) 与式 $=\dfrac{18(x-y)}{9}-\dfrac{8x-7y}{9}$

$=\dfrac{18(x-y)-(8x-7y)}{9}$

$=\dfrac{18x-18y-8x+7y}{9}$

$=\dfrac{10x-11y}{9}$

考え方

⑥ 単項式の乗除① P.14-15

① 答
(1) $2ab$　　(2) $15ab$
(3) $20ab^2$　　(4) $24ac^2$
(5) $15a^2$　　(6) $32a^2$
(7) $-6xy$　　(8) $-14xy$
(9) $-6abx$　　(10) $30xy$
(11) $6xyz$　　(12) $-\dfrac{8}{3}mxy$
(13) x^8　　(14) x^4

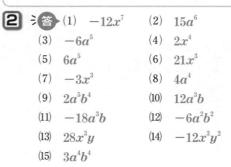

考え方
(5) $a\times a=a^2$ であるから,
$3a\times5a=15a^2$
(13) $x^2\times x^6$
$=x\times x\times x\times x\times x\times x\times x\times x$
$=x^8$

② 答
(1) $-12x^7$　　(2) $15a^6$
(3) $-6a^5$　　(4) $2x^4$
(5) $6a^5$　　(6) $21x^3$
(7) $-3x^3$　　(8) $4a^4$
(9) $2a^5b^4$　　(10) $12a^3b$
(11) $-18a^3b$　　(12) $-6a^2b^2$
(13) $28x^3y$　　(14) $-12x^3y^2$
(15) $3a^4b^4$

⑦ 単項式の乗除② P.16-17

① 答
(1) a^3　　(2) $\dfrac{1}{a^3}$

4

(3) x^4　　　　　　(4) $\dfrac{1}{x^4}$

(5) 3　　　　　　(6) -2

(7) $2x^2$　　　　　(8) $5a^2$

(9) $-2x$　　　　(10) $\dfrac{2}{3y}$

(11) $-3x$　　　　(12) $\dfrac{5}{9}a$

考え方

(1) 与式
$$=\dfrac{a\times a\times a\times a\times a\times a\times a}{a\times a\times a\times a}=a^3$$

(2) 与式
$$=\dfrac{a\times a\times a\times a}{a\times a\times a\times a\times a\times a\times a}=\dfrac{1}{a^3}$$

(5) 与式$=\dfrac{3x}{x}=3$

(8) 与式$=\dfrac{15a^4}{3a^2}=5a^2$

(10) 与式$=\dfrac{6x^2y}{9x^2y^2}=\dfrac{2}{3y}$

(12) 与式$=\dfrac{5ab}{12}\times\dfrac{4}{3b}=\dfrac{5}{9}a$

2 ⟩答 (1) $\dfrac{3}{2}x^2$　　(2) $-2a^2$

(3) $6x^2$　　(4) $-2y$　　(5) $-16b^2$

(6) $-\dfrac{8a}{b^2}$　　(7) $-9x^3y^4$

(8) $\dfrac{27}{25}xy$

考え方

(1) 与式$=\dfrac{2xy\times 3x}{4y}=\dfrac{3}{2}x^2$

(2) 与式$=-\dfrac{4ab\times 3a}{6b}=-2a^2$

(3) 与式$=\dfrac{9x^2\times 4x}{6x}=6x^2$

(5) 与式$=-\dfrac{8ab^2\times 5b\times 6}{3\times 5ab}$
$$=-16b^2$$

(6) 与式$=-\dfrac{2a^4b^4\times 3a^2b\times 4}{3\times a^5b^7}$
$$=-\dfrac{8a}{b^2}$$

(7) 与式$=-\dfrac{3x^4y^2\times 10x^2y^4\times 3}{5\times 2x^3y^2}$
$$=-9x^3y^4$$

(8) 与式$=\dfrac{3x^4y^2\times 3\times 6}{5\times 2xy\times 5x^2}$
$$=\dfrac{27}{25}xy$$

---

8 式の計算の応用① P.18-19

1 ⟩答 (1) 23　　　(2) -29
　　　　(3) 46　　　(4) -30

考え方

$a=3,\ b=4$ のとき
(1) 与式$=3a-3b+6a+2b$
$$=9a-b=9\times 3-4$$
$$=23$$
(2) 与式$=3a-3b-6a-2b$
$$=-3a-5b$$
$$=-3\times 3-5\times 4=-29$$
(3) 与式$=6a+2b-4a+8b$
$$=2a+10b$$
$$=2\times 3+10\times 4=46$$
(4) 与式$=-6a+2b+4a-8b$
$$=-2a-6b$$
$$=-2\times 3-6\times 4=-30$$

2 ⟩答 (1) 77　　(2) 1

考え方

$x=2,\ y=-3$ のとき
(1) 与式$=6x-9y+4x-10y$
$$=10x-19y$$
$$=10\times 2-19\times(-3)$$
$$=77$$
(2) 与式$=6x-9y-4x+10y$
$$=2x+y=2\times 2+(-3)$$
$$=1$$

3 ⟩答 (1) 9　　　(2) 11
　　　　(3) $\dfrac{35}{2}$　　(4) $\dfrac{25}{4}$

考え方

$a=\dfrac{1}{2},\ b=3$ のとき
(1) 与式$=2a-6b+4a+8b$
$$=6a+2b=6\times\dfrac{1}{2}+2\times 3$$
$$=9$$
(3) 与式$=a^2-3a^2+6b$
$$=-2a^2+6b$$
$$=-2\times\left(\dfrac{1}{2}\right)^2+6\times 3=\dfrac{35}{2}$$

4 ⟩答 (1) -324　　(2) -54
　　　　(3) $-\dfrac{21}{4}$　　(4) $\dfrac{25}{4}$

5

考え方

$x=-3$, $y=4$ のとき

(1) 与式 $=\dfrac{4x^2\times 6xy^2}{8y}=3x^3y$

$=3\times(-3)^3\times 4$

$=-324$

(3) 与式 $=\dfrac{24x\times 7\times x}{6xy\times 4}=\dfrac{7x}{y}$

$=\dfrac{7\times(-3)}{4}=-\dfrac{21}{4}$

(4) 与式 $=-\dfrac{5x^2y\times 5\times 3}{3\times 6y\times 2x}=-\dfrac{25x}{12}$

$=-\dfrac{25\times(-3)}{12}=\dfrac{25}{4}$

9 式の計算の応用② P.20-21

1 答 (1) $x=4y$　(2) $t=\dfrac{x}{v}$

(3) $r=\dfrac{\ell}{2\pi}$　(4) $a=\dfrac{3V}{4b^2}$

(5) $y=-\dfrac{3}{2}x+2$

(6) $x=\dfrac{y}{4}+2$　(7) $b=\dfrac{4}{3}a+3$

(8) $c=-a-b+180$

考え方

(1) 両辺を入れかえると $\dfrac{x}{4}=y$

両辺を 4 倍すると $x=4y$

(4) 両辺を入れかえて 3 倍する。

$4ab^2=3V$

両辺を $4b^2$ でわると $a=\dfrac{3V}{4b^2}$

(5) $2y=-3x+4$

$y=\dfrac{-3x+4}{2}=-\dfrac{3}{2}x+2$

(6) $4x=y+8$

$x=\dfrac{y+8}{4}=\dfrac{y}{4}+2$

(7) $-3b=-4a-9$

$b=\dfrac{-4a-9}{-3}=\dfrac{4}{3}a+3$

2 答 (1) $a=\dfrac{c}{3}-b$

(2) $z=\dfrac{S}{2}-x-y$　(3) $a=2m-b$

(4) $x=\dfrac{3}{2}M-y-z$

(5) $b=\dfrac{2S}{h}-a$　(6) $y=\dfrac{Mz}{3}-x$

(7) $y=-2x+\dfrac{z}{3}+4$

考え方

(1) 両辺を入れかえて 3 でわる。

$a+b=\dfrac{c}{3}$, $a=\dfrac{c}{3}-b$

(3) 両辺を入れかえて 2 倍する。

$a+b=2m$, $a=2m-b$

(5) 両辺を入れかえて 2 倍する。

$(a+b)h=2S$

$a+b=\dfrac{2S}{h}$, $b=\dfrac{2S}{h}-a$

(6) $3(x+y)=Mz$, $x+y=\dfrac{Mz}{3}$

$y=\dfrac{Mz}{3}-x$

(7) $3(2x+y)=z+12$

$2x+y=\dfrac{z}{3}+4$

$y=-2x+\dfrac{z}{3}+4$

10 文字式の利用 P.22-23

1 答 $(4x+8)$cm

考え方

大きな正方形の 1 辺の長さは,

$x+2$ cm

正方形の辺は 4 つあるから

$4\times(x+2)=4x+8$(cm)

2 答 6πcm^3

考え方

円錐の体積は,

$\dfrac{1}{3}\times$(底面積)$\times$(高さ) で求められる。

答えは, 2 cm 高くした円錐の体積から, もとの円錐の体積をひく。

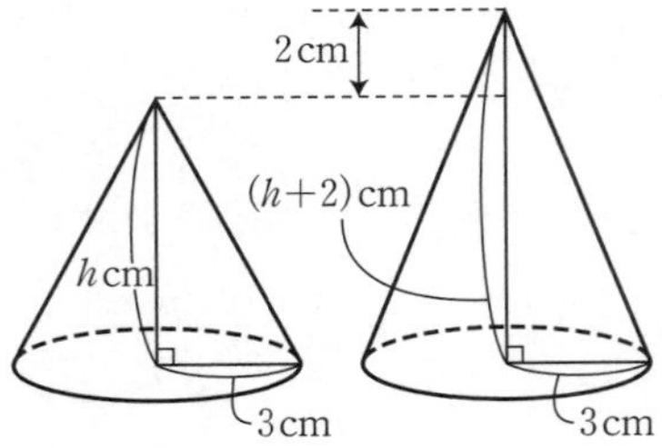

$\dfrac{1}{3}\times\pi\times 3^2\times(h+2)-\dfrac{1}{3}\times\pi\times 3^2\times h$

$=3\pi h+6\pi-3\pi h$

$=6\pi$ (cm^3)

3 ⯈答 イが$16\pi a^3$cm^{3}大きい。

考え方

　円柱の体積は，（底面積）×（高さ）
で求められる。
　アの体積は
$\pi\times(2a)^2\times4a=4\pi a^2\times4a$
　　　　　　　　　$=16\pi a^3$(cm^3)
　イの体積は
$\pi\times(4a)^2\times2a=16\pi a^2\times2a$
　　　　　　　　　$=32\pi a^3$(cm^3)
　（イの体積）－（アの体積）
$=32\pi a^3-16\pi a^3=16\pi a^3$(cm^3)

アの立体

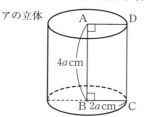

イの立体

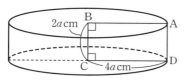

4 ⯈答 （順に）　10，10，10，10，11，11，
11，11

考え方

　２けたの自然数は，十の位の数をx，
一の位の数をyとすると
　　$10x+y$
と表される。
これは，例えば，21という数は
　　$10\times2+1$
と表されることから考えるとわかる。

5 ⯈答 （順に）　2，2，2，2，2，2，2，
奇数

考え方

　ある整数が奇数であるとき，その整
数は
　　$2\times$（整数）$+1$
という形で表される。
m，nを整数とすると
　　偶数は$2m$，奇数は$2n+1$
と表される。
　例えば，24は，$24=2\times12$ と表され
るから偶数である。
31は，$31=2\times15+1$ と表されるから
奇数である。

---

1 ⯈答 (1)　$2a-2b$

(2)　$-8x+5y$

(3)　$-3x^2-2x+3$

(4)　$5x-4y$

(5)　$7a-3b$

(6)　$-x^2-4x+3$

(7)　$10a+5b$

(8)　$3x+8y-17$

(9)　$\dfrac{7x-8y}{18}$

考え方

(5)　与式$=6a+2b+a-5b$
　　　　$=7a-3b$

(6)　与式
　　$=4x^2+3x-1-5x^2-7x+4$
　　$=-x^2-4x+3$

(7)　与式$=6a-3b+4a+8b$
　　　　　$=10a+5b$

(8)　与式
　　$=6x+2y-2-3x+6y-15$
　　$=3x+8y-17$

(9)　与式$=\dfrac{3(5x-2y)}{18}-\dfrac{2(4x+y)}{18}$

　　　　$=\dfrac{3(5x-2y)-2(4x+y)}{18}$

　　　　$=\dfrac{15x-6y-8x-2y}{18}$

　　　　$=\dfrac{7x-8y}{18}$

2 ⯈答 (1)　$12ab$　　(2)　$-12xy$

(3)　$2a^3$　　(4)　$12x^3y$　　(5)　x^2

(6)　$5a$　　(7)　$-3x$　　(8)　$\dfrac{9}{8}ab$

(9)　$2x^2$　　(10)　$4a^2b$

考え方

(3)　与式$=a^2\times2a=2a^3$

(6)　与式$=\dfrac{-15a^2}{-3a}=5a$

(8)　与式$=\dfrac{3a^2b^3\times3}{4\times2ab^2}=\dfrac{9}{8}ab$

(10)　与式$=\dfrac{4a^3b^2\times6\times5b^2}{3\times5ab^3\times2}=4a^2b$

3 ⯈答 (1)　16　　(2)　$c=\dfrac{3}{4}a-b$

考え方

(1) $a=-4$, $b=3$ のとき
与式$=2a-2b-3a+6b$
$=-a+4b$
$=-(-4)+4\times3=16$

(2) 両辺を入れかえて 4 でわる。
$b+c=\dfrac{3}{4}a$, $c=\dfrac{3}{4}a-b$

12 連立方程式の解き方① P.26-27

答 (1) $x=2$, $y=-1$

(2) $x=3$, $y=2$

(3) $x=1$, $y=2$

(4) $x=1$, $y=2$

考え方

上の式を①，下の式を②とする。
（これ以降同じ）

(1) ①－② $2x=4$, $x=\boxed{2}$ ……③
③を①に代入すると
$7\times2+2y=12$
$2y=-2$, $y=-1$

(2) ①－② $3x=9$, $x=3$ ……③
③を①に代入すると
$8\times3+3y=30$, $3y=6$, $y=2$

2 答 (1) $x=2$, $y=3$

(2) $x=1$, $y=-2$

(3) $x=8$, $y=3$

(4) $x=1$, $y=2$

(5) $x=1$, $y=2$

(6) $x=1$, $y=-2$

(7) $x=-2$, $y=2$

(8) $x=2$, $y=-2$

考え方

(1) ①－② $3y=9$, $y=\boxed{3}$ ……③
③を①に代入すると
$2x+4\times3=16$
$2x=4$, $x=2$

(2) ①－② $4y=-8$
$y=-2$ ……③
③を①に代入すると
$2x-(-2)=4$, $2x=2$, $x=1$

(6) ①－② $2y=-4$
$y=-2$ ……③
③を①に代入すると
$3x+(-2)=1$, $3x=3$, $x=1$

(7) ②－① $x=-2$ ……③
③を①に代入すると
$-2+4y=6$, $4y=8$, $y=2$

13 連立方程式の解き方② P.28-29

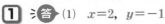

答 (1) $x=4$, $y=3$

(2) $x=3$, $y=-2$

(3) $x=2$, $y=1$

(4) $x=1$, $y=-2$

(5) $x=-2$, $y=1$

(6) $x=2$, $y=1$

考え方

(1) ①－② $2x=8$, $x=4$ ……③
③を①に代入すると
$\boxed{20}-2y=14$, $-2y=-6$, $y=\boxed{3}$

(2) ①－② $3x=9$, $x=3$ ……③
③を①に代入すると
$24-3y=30$, $-3y=6$, $y=-2$

(4) ②－① $4x=4$, $x=1$ ……③
③を①に代入すると
$1-3y=7$, $-3y=6$, $y=-2$

(5) ①－② $2y=2$, $y=1$ ……③
③を①に代入すると
$-2x+3=7$, $-2x=4$, $x=-2$

2 答 (1) $x=2$, $y=1$

(2) $x=-1$, $y=2$

(3) $x=1$, $y=-2$

(4) $x=1$, $y=-2$

(5) $x=1$, $y=-2$

(6) $x=-1$, $y=2$

考え方

(1) ①－② $2y=2$, $y=1$
これを①に代入すると
$2x+5=9$, $2x=4$, $x=2$

(3) ②－① $6y=-12$, $y=-2$
これを①に代入すると
$-3x+4=1$, $-3x=-3$, $x=1$

(4) ①－② $5x=5$, $x=1$
これを①に代入すると
$2-y=4$, $-y=2$, $y=-2$

14 連立方程式の解き方③ P.30-31

答 (1) $x=2$, $y=3$

(2) $x=2$, $y=1$

(3) $x=2$, $y=1$

(4) $x=-2$, $y=1$

考え方

(1) ①＋② $8x=16$, $x=\boxed{2}$ ……③
③を①に代入すると
$10+2y=16$, $2y=6$, $y=3$

(2) ①＋② $4x=8$, $x=2$ ……③
③を①に代入すると
$6+2y=8$, $2y=2$, $y=1$

② 答 (1) $x=1$, $y=-2$

(2) $x=1$, $y=2$

(3) $x=-2$, $y=3$

(4) $x=2$, $y=3$

(5) $x=1$, $y=-4$

(6) $x=6$, $y=2$

(7) $x=2$, $y=\dfrac{1}{2}$

(8) $x=-2$, $y=3$

考え方

(1) ①＋② $-2y=4$, $y=-2$
これを①に代入すると
$-2x-2=-4$, $-2x=-2$,
$x=1$

(2) ①＋② $3y=6$, $y=2$
これを①に代入すると
$3x-4=-1$, $3x=3$, $x=1$

(3) ①＋② $5y=15$, $y=3$
これを①に代入すると
$x+9=7$, $x=-2$

(4) ①＋② $-4x=-8$, $x=2$
これを①に代入すると
$-4+y=-1$, $y=3$

(5) ①＋② $-12y=48$, $y=-4$
これを①に代入すると
$-2x+28=26$, $-2x=-2$,
$x=1$

(6) ①＋② $8x=48$, $x=6$
これを①に代入すると
$12+y=14$, $y=2$

(7) ①＋② $8x=16$, $x=2$
これを①に代入すると
$10-2y=9$, $-2y=-1$, $y=\dfrac{1}{2}$

(8) ①＋② $-2y=-6$, $y=3$
これを①に代入すると
$-x+9=11$, $-x=2$, $x=-2$

① 答 (1) $x=6$, $y=2$

(2) $x=2$, $y=-3$

考え方

(1) ①×2 $4x+2y=28$ ……③
②＋③ $9x=54$, $x=6$
これを①に代入すると
$12+y=14$, $y=2$

(2) ②×3 $27x+3y=45$ ……③
③－① $22x=44$, $x=2$
これを②に代入すると
$18+y=15$, $y=-3$

② 答 (1) $x=2$, $y=1$

(2) $x=6$, $y=-2$

(3) $x=18$, $y=-5$

(4) $x=2$, $y=1$

(5) $x=1$, $y=2$

(6) $x=4$, $y=-2$

考え方

(1) ①×2 $6x+2y=14$ ……③
③－② $x=2$
これを①に代入すると
$6+y=7$, $y=1$

(3) ①×2 $2x+4y=16$ ……③
②－③ $y=-5$
これを①に代入すると
$x-10=8$, $x=18$

(4) ①×4 $-4x+12y=4$ ……③
②＋③ $7y=7$, $y=1$
これを①に代入すると
$-x+3=1$, $-x=-2$, $x=2$

(5) ①×2 $10x+4y=18$ ……③
③－② $3x=3$, $x=1$
これを①に代入すると
$5+2y=9$, $2y=4$, $y=2$

(6) ①×2 $6x-4y=32$ ……③
②＋③ $y=-2$
これを①に代入すると
$3x+4=16$, $3x=12$, $x=4$

16 連立方程式の解き方⑤ P.34-35

1 ⋗答 (1) $x=-2,\ y=8$

(2) $x=2,\ y=-1$

(3) $x=2,\ y=3$

考え方

(1) ①×4　$20x+12y=56$ ……③
②×3　$27x+12y=42$ ……④
④-③　$7x=-14,\ x=-2$
これを①に代入すると
$-10+3y=14,\ 3y=24,\ y=8$

(2) ①×3　$15x+6y=24$ ……③
②×2　$4x+6y=2$ ……④
③-④　$11x=22,\ x=2$
これを①に代入すると
$10+2y=8,\ 2y=-2,\ y=-1$

(3) ①×4　$20x-12y=4$ ……③
②×3　$27x-12y=18$ ……④
④-③　$7x=14,\ x=2$
これを①に代入すると
$10-3y=1,\ -3y=-9,\ y=3$

2 ⋗答 (1) $x=1,\ y=2$

(2) $x=1,\ y=2$

(3) $x=4,\ y=-3$

(4) $x=-1,\ y=2$

(5) $x=2,\ y=-1$

(6) $x=2,\ y=-1$

考え方

(1) ①×2　$6x+4y=14$ ……③
②×3　$6x+15y=36$ ……④
④-③　$11y=22,\ y=2$
これを①に代入すると
$3x+4=7,\ 3x=3,\ x=1$

(2) ①×2　$6x+8y=22$ ……③
②×3　$6x-9y=-12$ ……④
③-④　$17y=34,\ y=2$
これを①に代入すると
$3x+8=11,\ 3x=3,\ x=1$

(3) ①×3　$6x-15y=69$ ……③
②×2　$6x-26y=102$ ……④
③-④　$11y=-33,\ y=-3$
これを①に代入すると
$2x+15=23,\ 2x=8,\ x=4$

考え方

(4) ①×2　$-6x+8y=22$ ……③
②×3　$-6x-9y=-12$ ……④
③-④　$17y=34,\ y=2$
これを①に代入すると
$-3x+8=11,\ -3x=3,\ x=-1$

(5) ①×3　$15x-6y=36$ ……③
②×2　$4x-6y=14$ ……④
③-④　$11x=22,\ x=2$
これを①に代入すると
$10-2y=12,\ -2y=2,\ y=-1$

(6) ①×4　$20x+12y=28$ ……③
②×3　$27x-12y=66$ ……④
③+④　$47x=94,\ x=2$
これを①に代入すると
$10+3y=7,\ 3y=-3,\ y=-1$

17 連立方程式の解き方⑥ P.36-37

1 ⋗答 (1) $x=3,\ y=-4$

(2) $x=3,\ y=5$

(3) $x=1,\ y=2$

考え方

(1) 移項すると
$\begin{cases} 3x+2y=1 & \cdots③ \\ 2x-y=10 & \cdots④ \end{cases}$
④×2　$4x-2y=20$ ……⑤
③+⑤　$7x=21,\ x=3$
これを④に代入すると
$6-y=10,\ -y=4,\ y=-4$

(2) 移項すると
$\begin{cases} x+y=8 & \cdots③ \\ \boxed{-4x+y=-7} & \cdots④ \end{cases}$
③-④　$5x=15,\ x=3$
これを①に代入して y を求める。

(3) 移項すると
$\begin{cases} 3x+2y=7 & \cdots③ \\ -2x+5y=8 & \cdots④ \end{cases}$
③×2+④×3 で x を消去する。

2 ⋗答 (1) $x=2,\ y=0$

(2) $x=1,\ y=-2$

(3) $x=6,\ y=-2$

(4) $x=-3,\ y=7$

(5) $x=-9,\ y=-14$

(6) $x=-4,\ y=5$

（左カラム）

(1) 移項すると
$$\begin{cases} 8x-3y=16 & \cdots\cdots③ \\ 2x-y=4 & \cdots\cdots④ \end{cases}$$
④×3　$6x-3y=12$ ……⑤
③－⑤　$2x=4$,　$x=2$
これを②に代入すると
$4-y=4$,　$-y=0$,　$y=0$

(2) 移項すると
$$\begin{cases} 3x-4y=11 & \cdots\cdots③ \\ 6x+5y=-4 & \cdots\cdots④ \end{cases}$$
③×2－④で x を消去する。

(4) 移項すると
$$\begin{cases} -3x+2y=23 & \cdots\cdots③ \\ 2x+5y=29 & \cdots\cdots④ \end{cases}$$
③×2＋④×3 で x を消去する。

(5) 移項すると
$$\begin{cases} 4x-5y=34 & \cdots\cdots③ \\ x-y=5 & \cdots\cdots④ \end{cases}$$
③－④×4 で x を消去する。

(6) 移項すると
$$\begin{cases} x+3y=11 & \cdots\cdots③ \\ -4x-3y=1 & \cdots\cdots④ \end{cases}$$
③＋④ で y を消去する。

考え方

---

18 連立方程式の解き方⑦ P.38-39

1 ⇒答 (1) $x=4$, $y=-3$
(2) $x=3$, $y=2$

考え方

(1) ①×10　$3x+2y=6$ ……③
②×10　$4x-3y=25$ ……④
③×3　$9x+6y=18$ ……⑤
④×2　$8x-6y=50$ ……⑥
⑤＋⑥　$17x=68$,　$x=4$
これを③に代入すると
$12+2y=6$,　$2y=-6$,　$y=-3$

(2) ①×10　$2x+3y=12$ ……③
②×10　$3x+2y=13$ ……④
③×2　$4x+6y=24$ ……⑤
④×3　$9x+6y=39$ ……⑥
⑥－⑤　$5x=15$,　$x=3$
これを③に代入すると
$6+3y=12$,　$3y=6$,　$y=2$

（右カラム）

2 ⇒答 (1) $x=\dfrac{3}{2}$, $y=-\dfrac{1}{2}$

(2) $x=1$, $y=\dfrac{1}{10}$

(3) $x=\dfrac{1}{2}$, $y=\dfrac{1}{3}$

(4) $x=1$, $y=2$

(5) $x=-2$, $y=\dfrac{1}{2}$

(6) $x=30$, $y=-40$

考え方

(1) ②×10　$3x+y=4$ ……③
③×5　$15x+5y=20$ ……④
④－①　$8x=12$,　$x=\dfrac{3}{2}$
これを③に代入すると
$\dfrac{9}{2}+y=4$,　$y=-\dfrac{1}{2}$

(2) ①×100　$30x+20y=32$ ……③
②×2　$8x-20y=6$ ……④
③＋④　$38x=38$,　$x=1$
これを②に代入して y を求める。

(3) ①÷10　$2x+3y=\boxed{2}$ ……③
③×3　$6x+9y=6$ ……④
②－④　$3y=1$,　$y=\dfrac{1}{3}$
これを③に代入して x を求める。

(4) ①÷100　$3x+4y=11$ ……③
②÷10　$6x-5y=-4$ ……④
③, ④を解く。

(5) ②×10　$-20x-50y=15$ ……③
③÷5　$-4x-10y=3$ ……④
①×5　$-15x+10y=35$ ……⑤
④＋⑤　$-19x=38$,　$x=-2$
これを①に代入して y を求める。

(6) ①×10　$3x-5y=290$ ……③
②×10　$9x=-2y+190$ ……④
④より　$9x+2y=190$ ……⑤
③×3　$9x-15y=870$ ……⑥
⑤－⑥　$17y=-680$,　$y=-40$
これを③に代入して x を求める。

19 連立方程式の解き方⑧ P.40-41

1 ⧸答 (1) $x=1$, $y=-1$
(2) $x=4$, $y=1$
(3) $x=4$, $y=2$
(4) $x=1$, $y=3$

考え方

(1) ①より $x+7y=-6$ ……③
②より $3x+2y=1$ ……④
③×3 $3x+21y=-18$ ……⑤
⑤-④ $19y=-19$, $y=-1$
これを③に代入すると
$x-7=-6$, $x=1$

(2) ①より $x-y=3$ ……③
②より $4x-5y=11$ ……④
③×5 $5x-5y=15$ ……⑤
⑤-④ $x=4$
これを③に代入すると
$4-y=3$, $-y=-1$, $y=1$

(3) ①より $x-2y=0$ ……③
②より $x-4=3y-6$
$x-3y=-2$ ……④
③-④ $y=2$
これを①に代入すると
$x=2×2=4$

(4) ①より $-3x+2y=3$ ……③
②より $y-3=5x-5$
$-5x+y=\boxed{-2}$ ……④
③-④×2 $7x=7$, $x=1$
これを③に代入すると
$-3+2y=3$, $2y=6$, $y=3$

2 ⧸答 (1) $x=7$, $y=-4$
(2) $x=7$, $y=4$
(3) $x=-3$, $y=4$
(4) $x=5$, $y=6$
(5) $x=4$, $y=3$
(6) $x=-4$, $y=-3$

考え方

(1) ①より $2x+2y=y+10$
$2x+y=10$ ……③
②より $4x+4y=5y+32$
$4x-y=32$ ……④
③+④ $6x=42$, $x=7$
これを③に代入すると
$14+y=10$, $y=-4$

(2) ①より $2x-y=10$ ……③
②より $4x+y=32$ ……④
③, ④を解く。

(3) ①より $7x-2y=-29$ ……③
②より $x+4y=13$ ……④
③, ④を解く。

(4) ①より $-7x-2y=-47$ ……③
②より $7x-4y=11$ ……④
③, ④を解く。

(5) ①より $-7x-2y=-34$ ……③
②より $4x-3y=7$ ……④
③, ④を解く。

(6) ①より $7x-2y=-22$ ……③
②より $-4x+3y=7$ ……④
③, ④を解く。

20 連立方程式の解き方⑨ P.42-43

1 ⧸答 (1) $x=5$, $y=-2$
(2) $x=4$, $y=-1$
(3) $x=4$, $y=1$

考え方

(1) ②×5 $2x-5y=20$ ……③
①×2 $2x+4y=2$ ……④
④-③ $9y=-18$, $y=-2$
これを①に代入すると
$x-4=1$, $x=5$

(2) ②×4 $3x+4y=8$ ……③
①, ③を解く。

(3) ②×4 $3x-4y=8$ ……③
①, ③を解く。

2 ⧸答 (1) $x=9$, $y=-4$
(2) $x=9$, $y=4$
(3) $x=-2$, $y=4$
(4) $x=4$, $y=0$
(5) $x=5$, $y=24$
(6) $x=5$, $y=12$

考え方

(1) ②×12　4x−3y=48 ……③
①×3　9x+3y=69 ……④
③+④　13x=117, x=9
これを①に代入すると
27+y=23, y=−4

(2) ②×12　4x+3y=48 ……③
①×3　9x−3y=69 ……④
③+④　13x=117, x=9
これを①に代入すると
27−y=23, −y=−4, y=4

(3) ①×6　2x+3y=8 ……③
②より　2x−y=$\boxed{-8}$ ……④
③−④　4y=16, y=4
これを②に代入すると
2x=−4, x=−2

(4) ①×6　2x−3y=8 ……③
②より　2x+y=8 ……④
③, ④を解く。

(5) ①×4　4x+4=y
4x−y=$\boxed{-4}$ ……③
②より　5x−y=1 ……④
④−③　x=5
これを③に代入すると
20−y=−4, −y=−24, y=24

(6) ①×2　2x+2=y
2x−y=−2 ……③
②より　5x−2y=1 ……④
③×2　4x−2y=−4 ……⑤
④−⑤　x=5
これを③に代入すると
10−y=−2, −y=−12, y=12

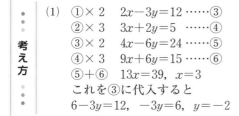

21 連立方程式の解き方⑩　P.44-45

1 答 (1) x=3, y=−2
(2) x=3, y=2
(3) x=0, y=1
(4) x=3, y=1

考え方

(1) ①×2　2x−3y=12 ……③
②×3　3x+2y=5 ……④
③×2　4x−6y=24 ……⑤
④×3　9x+6y=15 ……⑥
⑤+⑥　13x=39, x=3
これを③に代入すると
6−3y=12, −3y=6, y=−2

(2) ①×3　2x+3y=12 ……③
②×2　3x−2y=5 ……④
③, ④を解く。

(3) ①×3　2x+3y=3 ……③
②×2　x−4y=−4 ……④
③, ④を解く。

(4) ①×3　−2x+3y=−3 ……③
②×2　−x+4y=1 ……④
③, ④を解く。

2 答 (1) x=−3, y=−3
(2) x=3, y=−3
(3) x=0, y=$\frac{1}{2}$
(4) x=2, y=3

考え方

(1) ①×6　3(x+1)=2y
3x+3=2y
3x−2y=−3 ……③
②×3　x=3y+6
x−3y=6 ……④
④×3　3x−9y=18 ……⑤
③−⑤　7y=−21, y=−3
これを④に代入すると
x+9=6, x=−3

(2) ①×6　3(−x+1)=2y
−3x+3=2y
−3x−2y=−3 ……③
②×3　−x=3y+6
−x−3y=6 ……④
④×3　−3x−9y=18 ……⑤
③−⑤　7y=−21, y=−3
これを④に代入すると
−x+9=6, −x=−3, x=3

(4) ①×3　3x=2y
3x−2y=0 ……③
②×5　5(x−y)=y−8
5x−5y=y−8
5x−6y=−8 ……④
③, ④を解く。

22 連立方程式の解き方⑪　P.46-47

1 答 (1) x=5, y=2
(2) x=3, y=7
(3) x=−13, y=11
(4) x=−3, y=−5

考え方

(1) ①×6　$2(x+1)=3(y+2)$
　　　　$2x+2=\boxed{3y+6}$
　　　　$2x-3y=4$ ……③
　　③−②　$2y=4$,　$y=2$
　　これを②に代入すると
　　$2x-10=0$,　$2x=10$,　$x=5$

(2) ①×10　$2(x-3)=5(y-7)$
　　よって,　$2x-5y=-29$ ……③
　　②より　$7x-3y=0$　……④
　　③,　④を解く。

(3) ①×10　$2(-x-3)=5(y-7)$
　　よって　$-2x-5y=-29$ …③
　　②より　$-11x-13y=0$ …④
　　③,　④を解く。

(4) ①×28　$7(11x-5y)=4(3x+y)$
　　よって　$65x-39y=0$
　　両辺を13でわると
　　　　　　$5x-3y=0$　……③
　　③×5　$25x-15y=0$ ……④
　　②×3　$24x-15y=3$ ……⑤
　　④−⑤　$x=-3$
　　これを③に代入して y を求める。

2 ≳**答** (1)　$x=4$,　$y=2$

(2)　$x=-4$,　$y=2$

(3)　$x=4$,　$y=2$

(4)　$x=7$,　$y=3$

考え方

(2) ①×6
　　$3(-x-y)-2(-x+y)=-6$
　　$-x-5y=-6$ ……③
　　②×6
　　$2(-2x-y)-3(-x+2y)=-12$
　　$-x-8y=-12$ ……④
　　③−④　$3y=6$,　$y=2$
　　これを③に代入して x を求める。

(3) ①×6　$2(x+y)-3(x-y)=6$
　　$-x+5y=6$ ……③
　　②×6
　　$3(x+2y)-2(2x-y)=12$
　　$-x+8y=12$ ……④
　　③,　④を解く。

(4) ①×6　$3(x+y)=2(x+2)+12$
　　$x+3y=16$ ……③
　　②×6　$3(x-y)=2y+6$
　　$3x-5y=6$ ……④
　　③,　④を解く。

1 ≳**答** (1)　$x=1$,　$y=-1$

(2)　$x=-1$,　$y=-1$

(3)　$x=23$,　$y=5$

(4)　$x=\dfrac{1}{2}$,　$y=\dfrac{1}{2}$

(5)　$x=3$,　$y=-3$

(6)　$x=10$,　$y=5$

考え方

(1) ②より　$-2x+3y=-5$　……③
　　①×3　$9x+6y=3$　　　……④
　　③×2　$-4x+6y=-10$ ……⑤
　　④−⑤　$13x=13$,　$x=1$
　　これを①に代入して y を求める。

(2) ②より　$2x+3y=-5$　　……③
　　①×3　$-9x+6y=3$　　……④
　　③×2　$4x+6y=-10$　……⑤
　　④−⑤　$-13x=13$,　$x=-1$
　　これを①に代入して y を求める。

(3) ①より　$x-3y=8$　　……③
　　②より　$-x+4y=-3$ …④
　　③,　④を解く。

(4) ①より　$-2x+4y=1$ ……③
　　②より　$-x-3y=-2$ …④
　　③,　④を解く。

(5) ①より　$-x-11y=30$ ……③
　　②より　$7x+3y=12$　……④
　　③,　④を解く。

(6) ①×10　$6y-2x=10$
　　　　　　$-2x+6y=10$　……③
　　②×10　$18y-5x=40$
　　　　　　$-5x+18y=40$ ……④
　　③,　④を解く。

2 ≳**答** (1)　$x=2$,　$y=-1$

(2)　$x=-\dfrac{1}{2}$,　$y=\dfrac{2}{3}$

(3)　$x=-14$,　$y=12$

(4)　$x=7$,　$y=5$

考え方

(1) ①×2 $4x+3y=5$ ……③
②×3 $2x-3y=7$ ……④
③, ④を解く。

(2) ①×12 $2x+24y=15$ ……③
②×12 $6x+12y=5$ ……④
③, ④を解く。

(3) ①×12 $3x+4y=6$ ……③
②×30 $5x+6y=2$ ……④
③, ④を解く。

(4) ①×6 $x-1+6y=36$
$x+6y=37$ ……③
②×4 $4x-(1-y)=32$
$4x+y=33$ ……④
③, ④を解く。

---

24 連立方程式の解き方⑬ P.50-51

1 ⇒答 (1) $x=3$, $y=8$
(2) $x=3$, $y=5$
(3) $x=3$, $y=7$
(4) $x=2$, $y=-2$

考え方

(1) ①を②に代入すると
$5x-(\boxed{3x-1})=7$
$2x=6$, $x=3$ ……③
③を①に代入すると
$y=3\times3-1=8$

(2) ①を②に代入すると
$x+(2x-1)=8$
$3x=9$, $x=3$ ……③
③を①に代入すると
$y=2\times3-1=5$

(3) ①を②に代入すると
$3x+(2x+1)=16$
$5x=15$, $x=3$ ……③
③を①に代入すると
$y=2\times3+1=7$

(4) ①を②に代入すると
$7x-(2x-6)=16$
$5x=10$, $x=2$ ……③
③を①に代入すると
$y=2\times2-6=-2$

2 ⇒答 (1) $x=2$, $y=6$
(2) $x=3$, $y=9$
(3) $x=-3$, $y=3$
(4) $x=1$, $y=-5$
(5) $x=-1$, $y=2$
(6) $x=4$, $y=-3$

---

(1) ①を②に代入すると
$3x+3x=12$, $6x=12$, $x=2$
これを①に代入すると
$y=3\times2=6$

(2) ①を②に代入すると
$4x+3x=21$, $7x=21$, $x=3$
これを①に代入すると
$y=3\times3=9$

(3) ①を②に代入すると
$-2x-(-x)=3$, $-x=3$,
$x=-3$
これを①に代入すると
$y=-(-3)=3$

(4) ①を②に代入すると
$2x-(-2x-3)=7$, $4x=4$
$x=1$
これを①に代入して y を求める。

(5) ①を②に代入すると
$(\boxed{y-3})+4y=7$, $5y=10$, $y=2$
これを①に代入して x を求める。

(6) ①を②に代入すると
$-(-3y-5)-2y=2$, $y=-3$
これを①に代入して x を求める。

---

25 連立方程式の解き方⑭ P.52-53

1 ⇒答 (1) $x=2$, $y=3$
(2) $x=2$, $y=6$ (3) $x=3$, $y=2$
(4) $x=2$, $y=2$ (5) $x=2$, $y=6$
(6) $x=-8$, $y=-2$

考え方

(1) ①を②に代入すると
$x+4(2x-1)=14$
$x+8x-4=14$, $9x=18$, $x=2$
これを①に代入すると
$y=2\times2-1=3$

(2) ①を②に代入すると
$2x+3(x+4)=22$, $5x=10$,
$x=2$
これを①に代入すると
$y=2+4=6$

(3) ①を②に代入すると
$5(y+1)-3y=9$, $2y=4$, $y=2$
これを①に代入すると
$x=2+1=3$

（4）①を②に代入すると
$4(3y-4)-5y=-2$
$7y=14$, $y=2$
これを①に代入すると
$x=3\times2-4=2$

（5）①を②に代入すると
$2x+3(\boxed{3x})=22$, $11x=22$,
$x=2$
これを①に代入すると
$y=3\times2=6$

（6）①を②に代入すると
$2(4y)-3y=-10$, $5y=-10$,
$y=-2$
これを①に代入すると
$x=4\times(-2)=-8$

考え方

---

2 答 （1） $x=-1$, $y=2$

（2） $x=2$, $y=-1$

（3） $x=-4$, $y=5$　　（4） $x=2$, $y=2$

（5） $x=-7$, $y=-11$

（6） $x=-2$, $y=\dfrac{5}{2}$

（1）①を②に代入すると
$4x+3(-4x-2)=2$
$4x-12x-6=2$, $-8x=8$,
$x=-1$
これを①に代入すると
$y=-4\times(-1)-2=2$

（2）①を②に代入すると
$2x-3(-2x+3)=7$
$2x+6x-9=7$, $8x=16$, $x=2$
これを①に代入すると
$y=-2\times2+3=-1$

（3）①を②に代入すると
$-4x-3(-x+1)=1$
$-4x+3x-3=1$, $-x=4$,
$x=-4$
これを①に代入すると
$y=-(-4)+1=5$

（4）②を①に代入すると
$5y-3y=4$, $2y=4$, $y=2$
これを②に代入すると　$x=2$

（6）②を①に代入すると
$-3(-2y+3)-2y=1$
$6y-9-2y=1$, $4y=10$, $y=\dfrac{5}{2}$
これを②に代入すると
$x=-2\times\dfrac{5}{2}+3=-2$

考え方

---

26 連立方程式の解き方⑮ P.54-55

1 答 （1） $x=2$, $y=5$

（2） $x=-2$, $y=4$　　（3） $x=2$, $y=2$

（4） $x=-2$, $y=-4$

（5） $x=3$, $y=\dfrac{7}{2}$　　（6） $x=3$, $y=1$

（1）①より　$y=2x+1$……③
③を②に代入すると
$3x-(\boxed{2x+1})=1$
$3x-2x-1=1$, $x=2$
これを③に代入すると　$y=5$

（2）①より　$y=-3x-2$……③
③を②に代入する。

（3）①より　$y=-4x+10$……③
③を②に代入する。

（4）②より　$y=2x$……③
③を①に代入すると
$2x-3(2x)=8$, $-4x=8$,
$x=-2$
これを③に代入する。

（5）②より　$x=2y-4$……③
③を①に代入すると
$2y=3(2y-4)-2$, $-4y=-14$,
$y=\dfrac{7}{2}$
これを③に代入する。

（6）②より　$x=-4y+7$……③
③を①に代入すると
$5(-4y+7)+2y=17$, $y=1$
これを③に代入すると　$x=3$

考え方

---

2 答 （1） $x=2$, $y=1$

（2） $x=4$, $y=-2$

（3） $x=3$, $y=1$　　（4） $x=3$, $y=3$

（2）①より　$3x=-4y+4$……③
③を②に代入すると
$3(\boxed{-4y+4})+11y=14$
$-y=2$,　　$y=-2$
これを③に代入すると　$x=4$

（3）②より　$y=\boxed{-4x+13}$……③
③を①に代入すると
$5x+2(-4x+13)=17$
$-3x=-9$, $x=3$
これを③に代入すると　$y=1$

考え方

16

(4) ①より $y=2x-3$ ……③
③を②に代入すると
$3(2x-3)-2x=3$
$4x=12$, $x=3$
これを③に代入すると $y=3$

27 連立方程式の解き方⑯ P.56-57

1 答 (1) $x=2$, $y=11$
(2) $x=4$, $y=5$
(3) $x=-6$, $y=0$
(4) $x=1$, $y=-2$
(5) $x=4$, $y=-6$ (6) $x=5$, $y=2$

(1) ①を②に代入すると
$3x+5=7x-3$, $-4x=-8$,
$x=2$
これを①に代入すると $y=11$
(2) ①を②に代入すると
$x+1=-2x+13$, $3x=12$,
$x=4$
これを①に代入すると $y=5$
(3) ①を②に代入すると
$\frac{1}{2}x+3=\frac{1}{3}x+2$
$3x+18=2x+12$, $x=-6$
これを①に代入すると $y=0$
(4) ①を②に代入すると
$\frac{1}{3}y+\frac{5}{3}=-\frac{1}{4}y+\frac{1}{2}$
$4y+20=-3y+6$, $7y=-14$,
$y=-2$
これを①に代入すると $x=1$
(5) ①を②に代入すると
$-\frac{2}{3}y=-\frac{2}{5}(y-4)$
$-10y=-6(y-4)$, $-4y=24$,
$y=-6$
これを①に代入すると $x=4$
(6) ①を②に代入すると
$\frac{3}{2}y+2=\frac{7}{6}y+\frac{8}{3}$
$9y+12=7y+16$, $2y=4$, $y=2$
これを①に代入すると $x=5$

2 答 (1) $x=3$, $y=2$
(2) $x=1$, $y=5$
(3) $x=-2$, $y=-1$
(4) $x=-3$, $y=4$
(5) $x=2$, $y=1$ (6) $x=4$, $y=3$

(1) ①を②に代入すると
$5x-(\boxed{3x-5})=11$, $2x=6$,
$x=3$
これを①に代入すると $y=2$
(2) ②を①に代入すると
$6x+(12x+13)=31$, $18x=18$,
$x=1$
これを②に代入すると $y=5$
(3) ①を②に代入すると
$(2y-4)-7y=1$, $-5y=5$,
$y=-1$
これを①に代入すると $x=-2$
(4) ②を①に代入すると
$(8-5y)+9y=24$, $4y=16$,
$y=4$
これを②に代入すると $x=-3$
(5) ①を②に代入すると
$(2-y)-3y=-2$, $-4y=-4$,
$y=1$
これを①に代入すると $x=2$
(6) ①を②に代入すると
$3x+(2x-7)=13$, $5x=20$, $x=4$
これを①に代入すると $y=3$

28 連立方程式の解き方⑰ P.58-59

1 答 (1) $x=5$, $y=2$
(2) $x=7$, $y=4$

(1) 〈加減法〉
①より $x-y=3$ ……③
②より $2x-y=8$ ……④
④-③ $x=5$
これを③に代入すると
$5-y=3$, $-y=-2$, $y=2$
〈代入法〉
①を②に代入すると
$2(\boxed{y+3})=y+8$
$2y+6=y+8$, $y=2$
これを①に代入すると $x=5$
(2) 〈加減法〉
②より $4x+4y=3y+32$
$4x+y=32$ ……③
①, ③を解く。
〈代入法〉
①より $y=2x-10$ ……③
②より $4x+y=32$ ……④
③を④に代入する。

2 ⇒答 (1) $x=4$, $y=6$

(2) $x=-3$, $y=4$

考え方

(1) 〈加減法〉
①より　$3x-5y=-18$ ……③
②より　$7x-3y=10$ ……④
③，④を解く。
〈代入法〉
①より　$x=\dfrac{5y-18}{3}$ ……③
②より　$7x-3y=10$ ……④
③を④に代入する。

(2) 〈加減法〉
①より　$2x+3y=6$ ……③
②より　$-8x+3y=36$ ……④
③，④を解く。
〈代入法〉
①より　$y=-\dfrac{2}{3}x+2$ ……③
②より　$-8x+3y=36$ ……④
③を④に代入する。

29 連立方程式の解き方⑱ P.60-61

1 ⇒答 (1) $x=6$, $y=2$

(2) $x=-5$, $y=-1$

考え方

(2) $\begin{cases} 3x-2y=-13 & \cdots\cdots① \\ 2x+3y=-13 & \cdots\cdots② \end{cases}$
①×3　$9x-6y=-39$ ……③
②×2　$4x+6y=-26$ ……④
③＋④　$13x=-65$, $x=-5$
これを②に代入すると
$-10+3y=-13$, $3y=-3$,
$y=-1$

2 ⇒答 (1) $x=1$, $y=4$

(2) $x=-\dfrac{2}{5}$, $y=\dfrac{1}{10}$

(3) $x=6$, $y=10$

(4) $x=2$, $y=0$

(5) $x=7$, $y=9$

(6) $x=-\dfrac{5}{7}$, $y=\dfrac{5}{7}$

考え方

(1) $\begin{cases} x-y+10=-x+2y \\ -x+2y=3x+y \end{cases}$
より，$\begin{cases} 2x-3y=-10 & \cdots\cdots① \\ -4x+y=0 & \cdots\cdots② \end{cases}$
②より　$y=4x$ ……③
③を①に代入する。

(2) $\begin{cases} 4x+3y=2x-5y \\ 4x+3y=x+y-1 \end{cases}$
より，$\begin{cases} x+4y=0 & \cdots\cdots① \\ 3x+2y=-1 & \cdots\cdots② \end{cases}$
①，②を解く。

(3) $\begin{cases} x+2y-26=5x-3y \\ 5x-3y=-3x+y+8 \end{cases}$
より，$\begin{cases} -4x+5y=26 & \cdots\cdots① \\ 2x-y=2 & \cdots\cdots② \end{cases}$
①，②を解く。

(4) $\begin{cases} 8x-3y-16=5x+3y-10 \\ 2x-y-4=5x+3y-10 \end{cases}$
より，$\begin{cases} 3x-6y=6 & \cdots\cdots① \\ -3x-4y=-6 & \cdots\cdots② \end{cases}$
①，②を解く。

(5) $\begin{cases} 2x+y+2=4x-2y+15 \\ 4x-2y+15=5x-y-1 \end{cases}$
より，$\begin{cases} -2x+3y=13 & \cdots\cdots① \\ -x-y=-16 & \cdots\cdots② \end{cases}$
②より　$y=-x+16$ ……③
③を①に代入する。

(6) $\begin{cases} 4x-3y=7x \\ x+y-5=7x \end{cases}$
より，$\begin{cases} -3x-3y=0 & \cdots\cdots① \\ -6x+y=5 & \cdots\cdots② \end{cases}$
①より　$y=-x$ ……③
③を②に代入する。

30 連立方程式の応用① P.62-63

1 ⋮答 $x=8$, $y=5$

> 考え方
> $\begin{cases} x+y=13 & \cdots\cdots① \\ 3x+4y=\boxed{44} & \cdots\cdots② \end{cases}$
> ①，②を解くと $x=8$, $y=5$
> 　連立方程式の解が問題にあっている
> か，確かめてから答えを書こう。

2 ⋮答 りんご…6個，みかん…9個

> 考え方
> 　りんごを x 個，みかんを y 個買った
> とすると
> $\begin{cases} x+y=15 & \cdots\cdots① \\ 140x+90y=\boxed{1650} & \cdots\cdots② \end{cases}$
> ②÷10 より $14x+9y=165$ ……③
> ①×9 より $9x+9y=135$ ……④
> ③，④を解くと $x=6$, $y=9$
> これらは問題に適する。

3 ⋮答 $\begin{cases} 80円のノート…12冊 \\ 120円のノート…6冊 \end{cases}$

> 考え方
> 　80円のノートを x 冊，
> $\boxed{120円のノート}$ を $\boxed{y\,冊}$ 買ったとすると
> $\begin{cases} x+y=18 \\ 80x+120y=1680 \end{cases}$
> この連立方程式を解く。

4 ⋮答 $\begin{cases} 2点の問題…14問 \\ 3点の問題…24問 \end{cases}$

> 考え方
> 　2点の問題が x 問，3点の問題が y
> 問あるとすると $\begin{cases} x+y=38 \\ 2x+3y=100 \end{cases}$
> この連立方程式を解く。

5 ⋮答 $\begin{cases} 水仙…7個 \\ チューリップ…9個 \end{cases}$

> 考え方
> 　水仙の球根を x 個，チューリップの
> 球根を y 個買ったとすると
> $\begin{cases} x+y=16 \\ 50x+80y=1070 \end{cases}$
> この連立方程式を解く。

6 ⋮答 $\begin{cases} 大きい袋…4袋 \\ 小さい袋…8袋 \end{cases}$

> 考え方
> 　大きい袋が x 袋，$\boxed{小さい袋}$ が y 袋
> あるとすると $\begin{cases} x+y=12 \\ 12x+9y=120 \end{cases}$
> この連立方程式を解く。

31 連立方程式の応用② P.64-65

1 ⋮答 $\begin{cases} ノート…100円 \\ 鉛筆…40円 \end{cases}$

> 考え方
> 　ノート1冊の値段を x 円，鉛筆1本
> の値段を y 円とすると
> $\begin{cases} 2x+5y=400 \\ 3x+8y=\boxed{620} \end{cases}$

2 ⋮答 $\begin{cases} A…300\,g \\ B…200\,g \end{cases}$

> 考え方
> 　A1個の重さを $x\,g$，B1個の重さ
> を $y\,g$ とすると
> $\begin{cases} 3x+4y=1700 \\ 4x+6y=2400 \end{cases}$

3 ⋮答 $\begin{cases} 子ども…250円 \\ おとな…400円 \end{cases}$

> 考え方
> 　子ども1人の入館料を x 円，おとな
> 1人の入館料を y 円とすると
> $\begin{cases} 6x+3y=2700 \\ 5x+2y=2050 \end{cases}$

4 ⋮答 $\begin{cases} 鉛筆…50円 \\ 消しゴム…75円 \end{cases}$

> 考え方
> 　鉛筆1本の値段を x 円，
> $\boxed{消しゴム1個の値段}$ を $\boxed{y\,円}$ とすると
> $\begin{cases} \boxed{5x+3y}=475 \\ 3x=\boxed{2y} \end{cases}$

5 ⋮答 $\begin{cases} みかん…60円 \\ りんご…150円 \end{cases}$

> 考え方
> 　みかん1個の値段を x 円，りんご1
> 個の値段を y 円とすると
> $\begin{cases} 7x+3y=870 \\ 5x=2y \end{cases}$

32 連立方程式の応用③ P.66-67

1 ⋝答 兄…590円
弟…250円

> 考え方　兄の金額を x 円，弟の金額を y 円とすると $\begin{cases} x+y=840 \\ x-y=\boxed{340} \end{cases}$

2 ⋝答 姉…560円
妹…280円

> 考え方　姉の金額を x 円，妹の金額を y 円とすると $\begin{cases} x+y=\boxed{840} \\ x=2y \end{cases}$

3 ⋝答 A…1140円
B…1020円

> 考え方　はじめのAの所持金を x 円，Bの所持金を y 円とすると $\begin{cases} x=y+120 \\ x+750=7(y-750) \end{cases}$

4 ⋝答 虫歯のある生徒…24人
虫歯のない生徒…18人

> 考え方　はじめに虫歯のある生徒の人数を x 人，虫歯のない生徒の人数を y 人とすると
> $\begin{cases} x=y+\boxed{6} & \cdots\cdots① \\ x-\dfrac{1}{8}x=y+\boxed{\dfrac{1}{8}x} & \cdots\cdots② \end{cases}$
> ②より　$8x-x=8y+x$
> $6x-8y=0 \cdots\cdots③$
> ①を③に代入すると　$y=18$
> これを①に代入すると　$x=24$

5 ⋝答 子ども…300人
おとな…350人

> 考え方　子どもの人数を x 人，おとなの人数を y 人とすると
> $\begin{cases} x+y=650 \\ \dfrac{1}{6}x+\dfrac{1}{7}y=100 \end{cases}$

33 連立方程式の応用④ P.68-69

1 ⋝答 長さ…70 m
速さ…時速64.8 km

> 考え方　この列車の秒速を x m，列車の長さを y mとすると
> $\begin{cases} 65x=1100+y & \cdots\cdots① \\ 90x=\boxed{1550+y} & \cdots\cdots② \end{cases}$
> ①より　$65x-y=1100 \cdots\cdots③$
> ②より　$90x-y=1550 \cdots\cdots④$
> ③，④を解くと　$x=18$，$y=70$
> 秒速18mは時速64.8km

2 ⋝答 A町からB峠…2時間
B峠からC町…1時間

> 考え方　A町からB峠までを x 時間，B峠からC町までを y 時間かけて歩いたとすると
> $\begin{cases} x+y=3 \\ 3x+5y=11 \end{cases}$

3 ⋝答 A…分速220 m
B…分速80 m

> 考え方　Aの速さを分速 x m，Bの速さを分速 y mとすると
> $\begin{cases} 20x+20y=6000 \\ 16x+(15+16)y=\boxed{6000} \end{cases}$

4 ⋝答 舟の速さ…時速6 km
川の流れの速さ…時速2 km

> 考え方　静水での舟の速さを時速 x km，川の流れの速さを時速 y kmとすると
> $\begin{cases} 5(x-y)=20 & \cdots\cdots① \\ \boxed{2.5(x+y)}=\boxed{20} & \cdots\cdots② \end{cases}$
> ①より　$5x-5y=20 \cdots\cdots③$
> ②×2　$5x+5y=40 \cdots\cdots④$
> ③，④を解くと　$x=6$，$y=2$

20

③④ 連立方程式の応用⑤ P.70-71

1 ⋛**答** A町からB峠…6 km
B峠からC町…12 km

考え方

A町からB峠までの道のりを x km,
B峠からC町までの道のりを y km
とすると

$$\begin{cases} x+y=\boxed{18} & \cdots\cdots① \\ \dfrac{x}{3}+\dfrac{y}{5}=\boxed{4\dfrac{2}{5}} & \cdots\cdots② \end{cases}$$

②×15 $5x+3y=66\cdots\cdots③$
①×3 $3x+3y=54\cdots\cdots④$
③, ④を解くと $x=6$, $y=12$

2 ⋛**答** A地点からB地点…200 km
B地点からC地点…300 km

考え方

A地点からB地点までの道のりを
x km, B地点からC地点までの道の
りを y km とすると

$$\begin{cases} \dfrac{x}{40}+\dfrac{y}{50}=11 & \cdots\cdots① \\ \boxed{\dfrac{x}{50}+\dfrac{y}{60}}=\boxed{9} & \cdots\cdots② \end{cases}$$

①×200 $5x+4y=2200\cdots\cdots③$
②×300 $6x+5y=2700\cdots\cdots④$
③, ④を解くと $x=200$, $y=300$

3 ⋛**答** A地点からB地点…15 km
B地点からC地点…10 km

考え方

A地点からB地点までの道のりを
x km, B地点からC地点までの道の
りを y km とすると

$$\begin{cases} \dfrac{x}{4}+\dfrac{y}{6}=5\dfrac{5}{12} & \cdots\cdots① \\ \dfrac{x}{6}+\dfrac{y}{4}=5 & \cdots\cdots② \end{cases}$$

①×12 $3x+2y=65\cdots\cdots③$
②×12 $2x+3y=60\cdots\cdots④$
③, ④を解くと $x=15$, $y=10$

4 ⋛**答** 14 km

考え方

A地点からP地点までの道のりを
x km, P地点からB地点までの道の
りを y km とすると

$$\begin{cases} \dfrac{x}{6}+\dfrac{y}{4}=3\dfrac{1}{3} \\ \dfrac{x}{8}+\dfrac{y}{6}=2\dfrac{1}{4} \end{cases}$$

これを解くと $x=2$, $y=12$
よって $2+12=14$(km)

③⑤ 連立方程式の応用⑥ P.72-73

1 ⋛**答** 食塩…14 g
水…86 g

考え方

食塩…$100\times\dfrac{\boxed{14}}{100}=14$(g)

水…$100-14=86$(g)
〔別解〕 水は86%ふくまれるから

$$100\times\dfrac{86}{100}=86\text{(g)}$$

2 ⋛**答** (1) $\dfrac{\boxed{10}}{100}x$(g)

(2) 10%の食塩水…240 g
5%の食塩水…160 g

考え方

(2)
$$\begin{cases} x+y=\boxed{400} & \cdots\cdots① \\ \dfrac{\boxed{10}}{100}x+\dfrac{5}{100}y=400\times\dfrac{\boxed{8}}{100} & \cdots② \end{cases}$$

②より $10x+5y=3200$
$2x+y=640\cdots\cdots③$
③-① $x=240$
これを①に代入すると $y=160$

3 ⋛**答** 20%のアルコール…550 g
4%のアルコール…250 g

考え方

20%のアルコールを x g, 4%のア
ルコールを y g 混ぜるとすると

$$\begin{cases} x+y=800 & \cdots\cdots① \\ \dfrac{20}{100}x+\dfrac{4}{100}y=800\times\dfrac{15}{100} & \cdots\cdots② \end{cases}$$

①, ②を解くと $x=550$, $y=250$

④ ⇒答 $\begin{cases} 3\%の食塩水\cdots280\,g \\ 8\%の食塩水\cdots420\,g \end{cases}$

考え方

3％の食塩水を $x\,g$，8％の食塩水を $y\,g$ 混ぜるとすると

$$\begin{cases} x+y=700 \\ \dfrac{3}{100}x+\dfrac{8}{100}y=700\times\dfrac{6}{100} \end{cases}$$

⑤ ⇒答 $\begin{cases} Aの食塩水\cdots8\,\% \\ Bの食塩水\cdots5\,\% \end{cases}$

考え方

Aの食塩水の濃度を $x\,\%$，Bの食塩水の濃度を $y\,\%$ とすると

$$\begin{cases} 200\times\dfrac{x}{100}+400\times\dfrac{y}{100}=600\times\dfrac{6}{100} \\ 400\times\dfrac{x}{100}+200\times\dfrac{y}{100}=\boxed{600\times\dfrac{7}{100}} \end{cases}$$

36 連立方程式の応用⑦ P.74-75

① ⇒答 140円

考え方

箱代を x 円，お菓子Aの代金を y 円とすると $\begin{cases} x+y=1340 \quad\cdots\cdots① \\ x+\boxed{0.8y}=1100 \cdots\cdots② \end{cases}$

①－② 　$0.2y=240,\ y=1200$

これを①に代入すると　$x=140$

② ⇒答 $\begin{cases} 男子\cdots520人 \\ 女子\cdots480人 \end{cases}$

考え方

昨年の男子の生徒数を x 人，女子の生徒数を y 人とすると

$\begin{cases} x+y=1000 \quad\cdots\cdots① \\ 1.1x+1.15y=\boxed{1124} \cdots\cdots② \end{cases}$

②×100　$110x+115y=112400 \cdots③$

①，③を解くと　$x=520,\ y=480$

③ ⇒答 $\begin{cases} 交通費\cdots7000円 \\ 宿泊費\cdots8000円 \end{cases}$

考え方

昨年の1人あたりの交通費を x 円，宿泊費を y 円とすると

$\begin{cases} x+y=\boxed{15000} \\ 0.2x-0.05y=\boxed{1000} \end{cases}$

④ ⇒答 $\begin{cases} 男子\cdots24人 \\ 女子\cdots20人 \end{cases}$

考え方

昨年の男子の部員数を x 人，女子の部員数を y 人とすると

$\begin{cases} x+y=\boxed{45} \\ \dfrac{120}{100}x+\dfrac{80}{100}y=\boxed{44} \end{cases}$

これを解くと　$x=20,\ y=25$

求めるのは今年の部員数であるから

男子$\cdots\dfrac{120}{100}\times20=24$（人）

女子$\cdots\dfrac{80}{100}\times25=20$（人）

⑤ ⇒答 $\begin{cases} 男子\cdots285人 \\ 女子\cdots260人 \end{cases}$

考え方

昨年の男子の生徒数を x 人，女子の生徒数を y 人とすると

$\begin{cases} x+y=550 \\ \dfrac{95}{100}x+\dfrac{104}{100}y=545 \end{cases}$

これを解くと　$x=300,\ y=250$

求めるのは今年の生徒数である。

37 連立方程式の応用⑧ P.76-77

① ⇒答 38

考え方

もとの自然数の十の位の数を x，一の位の数を y とすると

$\begin{cases} x+y=11 \quad\cdots\cdots① \\ 10y+x=10x+y+45 \cdots\cdots② \end{cases}$

②より　$-x+y=5 \cdots\cdots③$

①，③を解くと　$x=3,\ y=8$

② ⇒答 43

考え方

もとの自然数の十の位の数を x，一の位の数を y とすると

$\begin{cases} 10x+y=6(x+y)+1 \\ 10y+x=10x+y-9 \end{cases}$

③ ⇒答 $\begin{cases} 400円のお茶\cdots300\,g \\ 240円のお茶\cdots100\,g \end{cases}$

考え方

100 g 400円のお茶を $x\,g$，100 g 240円のお茶を $y\,g$ 混ぜるとすると

$\begin{cases} x+y=\boxed{400} \\ \dfrac{400}{100}x+\dfrac{240}{100}y=\boxed{\dfrac{360}{100}\times400} \end{cases}$

4 ⋛**答** 　バラ…180円
　カーネーション…150円

考え方　バラ1本の値段をx円，カーネーション1本の値段をy円とすると
$$\begin{cases} 3x+5y=\boxed{1290} \\ 5x+3y=\boxed{1350} \end{cases}$$

㊳ 連立方程式のまとめ　P.78-79

1 ⋛**答** (1)　$x=-1,\ y=-3$

(2)　$x=3,\ y=-1$

(3)　$x=5,\ y=7$

(4)　$x=-2,\ y=-\dfrac{1}{3}$

(5)　$x=2,\ y=1$

(6)　$x=-4,\ y=-5$

考え方　上の式を①，下の式を②とする。
(1)　②×2　$8x-2y=-2$ ……③
　　③－①　$5x=-5,\ x=-1$
　　これを②に代入すると
　　$-4-y=-1,\ -y=3,\ y=-3$
(2)　①より　$2x-3y=9$ ……③
　　②より　$3x+5y=4$ ……④
　　③，④を解く。
(3)　①を②に代入すると
　　$3x-2(2x-3)=1,\ -x=-5,$
　　$x=5$
　　これを①に代入すると　$y=7$
(4)　①を②に代入すると
　　$3y-4=5(6y+1)$
　　$3y-4=30y+5,\ -27y=9,$
　　$y=-\dfrac{1}{3}$
　　これを①に代入すると
　　$x=-2$
(5)　①より　$-5x+10y=0$ ……③
　　②より　$5x-3y=7$ ……④
　　③，④を解く。
(6)　①×10　$3x-2y=-2$ ……③
　　②×10　$4x=5y+9$ ……④
　　③，④を解く。

2 ⋛**答** (1)　$x=-14,\ y=12$

(2)　$x=7,\ y=-3$

(1)　①×12　$3x+4y=6$ ……③
　　②×30　$5x+6y=2$ ……④
　　③，④を解く。
(2)　①×6
　　$3(x-y)=2(x+2)+12$
　　$x-3y=16$ ……③
　　②×6
　　$3(x+y)=-2y+6$
　　$3x+5y=6$ ……④
　　③，④を解く。

3 ⋛**答** 　鉛筆…60円
　消しゴム…90円

考え方　鉛筆1本の値段をx円，消しゴム1個の値段をy円とすると
$$\begin{cases} 7x+2y=600 \\ 5x+3y=570 \end{cases}$$

4 ⋛**答** 　3%の食塩水…360 g
　8%の食塩水…240 g

考え方　3％の食塩水をxg，8％の食塩水をyg混ぜるとすると
$$\begin{cases} x+y=600 \\ \dfrac{3}{100}x+\dfrac{8}{100}y=600×\dfrac{5}{100} \end{cases}$$

㊴ 1次関数　P.80-81

1 ⋛**答** (1)　（左から順に）　400, 600, 800, 1000　(2)　$y=200x$

考え方　速さが一定のとき，進む道のりは時間に比例する。

2 ⋛**答** (1)　$y=80$　(2)　$y=83$

(3)　$y=92$　(4)　$y=104$

(5)　$y=3x+80$

考え方 (1)　yはかごだけの重さになる。
(2)　$y=3×1+80=83$
(3)　$y=3×4+80=92$
(4)　$y=3×8+80=104$
(5)　$y=3×x+80=3x+80$

3 ⋛**答** (1)　$y=8x$　(2)　$y=5x+100$

(3)　$y=300-5x$

考え方	(1) （長方形の面積）＝（縦）×（横） (2) x 分後には水が $5x$ L 増える。

4 ⋛答 ア，エ，オ，キ，ク

考え方	$y＝ax＋b$ の形で表されるものを選ぶ。 エは $y＝-x-5$，キは $y＝\dfrac{1}{2}x＋\dfrac{1}{2}$， クは $y＝-x＋1$ となるから1次関数である。オは $b＝0$ の場合（比例）であるから1次関数である。イ，ウ，カ，ケは $y＝ax＋b$ の形で表せないので，1次関数ではない（ウ，カは反比例の関係を表す）。

5 ⋛答 (1) $y＝15$　　(2) $y＝0$
　　(3) $y＝-3x＋24$

考え方	△ABP の面積は，$\dfrac{1}{2}×$BP$×$AB (1) $x＝3$ のとき BP＝5 (2) $x＝8$ のとき BP＝0 (3) BP＝$(8-x)$cm であるから $\quad y＝\dfrac{1}{2}×(8-x)×6＝24-3x$

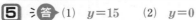

④ 変化の割合① P.82-83

1 ⋛答 （左から順に）(1) -2, 4, 13, 16
（順に）(2) 2, 1, 7, 6, 6, 3
(3) 3, 9, 3

考え方	(1) $y＝3x-2$ の x にそれぞれの値を代入して y の値を求める。

2 ⋛答 (1) x の増加量…2，y の増加量…8
(2) 4　　(3) 4

考え方	(1) $x＝1$ のとき $y＝4×1-1＝3$ $\quad x＝3$ のとき $y＝4×3-1＝11$ であるから，y の増加量は $\quad 11-3＝8$ (2) 変化の割合＝$\dfrac{8}{2}＝4$ (3) 1次関数の変化の割合は一定。

3 ⋛答 (1) x の増加量…2，
y の増加量…-4　　(2) -2
(3) x の増加量…3，y の増加量…-6
(4) -2

考え方	(1) x の増加量は，$3-1＝2$ $\quad x＝1$ のとき $y＝-2×1＋3＝1$ $\quad x＝3$ のとき $y＝-2×3＋3＝-3$ $\quad y$ の増加量は，$-3-1＝-4$ (2) 変化の割合＝$\dfrac{-4}{2}＝-2$

4 ⋛答 (1) 4　　(2) $\dfrac{2}{3}$

考え方	1次関数 $y＝ax＋b$ の変化の割合は一定で a に等しい。

5 ⋛答 (1) 6　　(2) -8

考え方	（ y の増加量） ＝（変化の割合）×（ x の増加量） (1) 変化の割合は 3 であるから，y の増加量は $3×2＝6$ (2) 変化の割合は -4 であるから，y の増加量は $-4×2＝-8$

④ 変化の割合② P.84-85

1 ⋛答 （順に）2, 4, 2, 4

2 ⋛答 （順に）(1) 3, 3, 3, 3
(2) a, a, a, a　　(3) a　　(4) 4, 4

考え方	$y＝ax$ のグラフの傾きは，1次関数 $y＝ax$ の変化の割合 a に等しい。

3 ⋛答 （順に）(1) -2, 2, -2, -2
(2) $\dfrac{1}{2}$, 1, $\dfrac{1}{2}$, $\dfrac{1}{2}$

考え方	(1) $a＜0$ のときの $y＝ax$ のグラフでは，右へ1進むと，下へ a の絶対値だけ進む。

4 ⋛答 (1) 6　　(2) $-\dfrac{2}{3}$　　(3) -1
(4) $\dfrac{2}{3}$　　(5) -2

<table>
<tr><td rowspan="1">考
え
方</td><td>

$y=ax+b$ のグラフの傾きは，1次関数 $y=ax+b$ の変化の割合 a に等しい。

(4) ①のグラフでは，右へ3進むと，上へ2進むから，変化の割合は $\frac{2}{3}$ である。よって，傾きは $\frac{2}{3}$ である。

(5) ②のグラフでは，右へ1進むと，下へ2進むから，変化の割合は -2 である。よって，傾きは -2 である。

</td></tr>
</table>

42 1次関数のグラフ① P.86-87

1 ⋛答⟩ （右の図）

2 ⋛答⟩ （右の図）

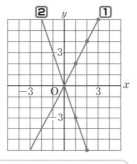

<table>
<tr><td>考
え
方</td><td>$y=ax$ のグラフは原点を通り，傾きが a の直線である。</td></tr>
</table>

3 ⋛答⟩ （順に）

$\dfrac{2}{3}$，$\dfrac{2}{3}$，2，2，4

（グラフは右の図）

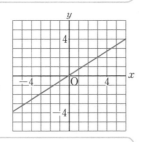

<table>
<tr><td>考
え
方</td><td>$y=ax$ のグラフをかくとき，グラフが通る点の x 座標，y 座標が分数では点がとりにくく正確ではないので，x 座標，y 座標ともに整数である点をとる。</td></tr>
</table>

4 ⋛答⟩ （右の図）

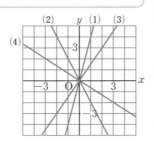

<table>
<tr><td>考
え
方</td><td>

(1) 原点と点(1, 4)を結ぶ直線。
(2) 原点と点(1, −2)を結ぶ直線。
(3) 原点と点(2, 3)を結ぶ直線。
(4) 原点と点(3, −2)を結ぶ直線。

</td></tr>
</table>

43 1次関数のグラフ② P.88-89

1 ⋛答⟩ (1) （左から順に）−5，−2，1，4

(2), (3) （右の図）

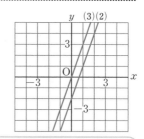

<table>
<tr><td>考
え
方</td><td>

(1) $y=3x-2$ の x にそれぞれの値を代入して y の値を求める。
(2) (1)の表をもとに，グラフをかく。
(3) (2)と(3)では，グラフの傾きが等しい。同じ x の値に対応する y の値は，いつでも(3)のグラフのほうが(2)のグラフよりも2だけ大きい。

</td></tr>
</table>

2 ⋛答⟩ （左から順に）

(1) 5，3，1，−1，−3

(2) 2，0，−2，−4，−6

（グラフは右の図）

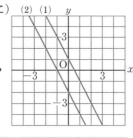

<table>
<tr><td>考
え
方</td><td>(1)は $y=-2x+1$，(2)は $y=-2x-2$ の x にそれぞれの値を代入して y の値を求める。</td></tr>
</table>

3 ⋛答⟩ （左から順に）

(1) −1，0，1，2，3

(2) −4，−3，−2，−1，0

（グラフは右の図）

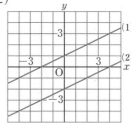

（左段）

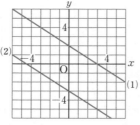

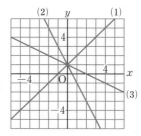

考え方 ｜ x 座標, y 座標がともに整数値のほうが点がとりやすく，グラフがかきやすいから，**3**では，x の値は偶数の値をとって表をつくっている。

4 ⇒答 （x と y の表の例）

(1)
x	-6	-3	0	3	6
y	6	4	2	0	-2

(2)
x	-6	-3	0	3	6
y	1	-1	-3	-5	-7

（グラフは右の図）

5 ⇒答 ア 係数　イ 平行

考え方 ｜ 1次関数 $y=ax+b$ と $y=cx+d$ のグラフにおいて，$a=c$ であるならば，2つのグラフは平行である。

6 ⇒答 (1) アとカ，ウとエ

(2)（例）$y=-2x+1$，$y=-2x-1$ など。

考え方 ｜ (1) 傾きが等しいものを選ぶ。アとカの傾きはともに 5，ウとエの傾きはともに $-\dfrac{1}{5}$ である。

44 1次関数のグラフ③ P.90-91

1 ⇒答 （x と y の表）

(1)
x	-2	-1	0	1	2	3
y	-1	0	1	2	3	4

(2)
x	-2	-1	0	1	2	3
y	5	3	1	-1	-3	-5

(3)
x	-4	-2	0	2	4	6
y	3	2	1	0	-1	-2

（右段）

（グラフは右の図）

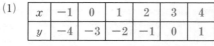

考え方 ｜ 3つの関数のグラフは，y 軸上の同じ点で交わっていることを確認しよう。

2 ⇒答 （x と y の表の例）

(1)
x	-1	0	1	2	3	4
y	-4	-3	-2	-1	0	1

(2)
x	-4	-3	-2	-1	0	1
y	5	3	1	-1	-3	-5

(3)
x	-4	-2	0	2	4	6
y	-5	-4	-3	-2	-1	0

（グラフは右の図）

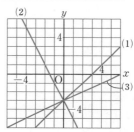

3 ⇒答 （順に）1, 0, 1, -3, 0, -3

考え方 ｜ 1次関数 $y=ax+b$ のグラフは，y 軸上の点 $(0,\ b)$ を通る。

4 ⇒答 (1) ① 点 $(0,\ 4)$　② 4

(2) ① 点 $(0,\ -5)$　② -5

(3) ① 点 $(0,\ -1)$　② -1

考え方 ｜ (1) $y=-2x+4$ に $x=0$ を代入すると $y=4$
よって，y 軸との交点は点 $(0,\ 4)$，切片は 4 である。

5 ⇒答 (1) 傾き…-3，切片…7

(2) 傾き…$\dfrac{2}{3}$，切片…$-\dfrac{1}{3}$

考え方 ｜ 1次関数 $y=ax+b$ のグラフは，傾きが a，切片が b の直線である。

45 1次関数のグラフ④ P.92-93

1 ▷答 (順に)
-3, -3, 1, -1
（グラフは右の図）

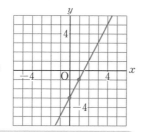

考え方 $y=ax+b$ のグラフをかくには，y 軸上の点 $(0, b)$ ともう1点を通る直線をひく。

2 ▷答 （右の図）

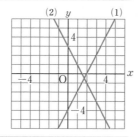

考え方
(1) 2点 $(0, -4)$，$(1, -2)$ を通る直線。
(2) 2点 $(0, 3)$，$(1, 1)$ を通る直線。

3 ▷答 （順に）
2, 2, 3, 4
（グラフは右の図）

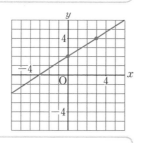

考え方 通るもう一方の点は $\left(1, \dfrac{8}{3}\right)$ ではなく，$(3, 4)$ のように x 座標，y 座標がともに整数値になる点をとってかくとよい。

4 ▷答 （右の図）

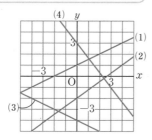

考え方
(1) 2点 $(0, 1)$，$(2, 2)$ を通る直線。
(2) 2点 $(0, -2)$，$(4, 1)$ を通る直線。
(3) 2点 $(0, -4)$，$(2, -5)$ を通る直線。
(4) 2点 $(0, 3)$，$(3, -1)$ を通る直線。

46 1次関数の式の求め方① P.94-95

1 ▷答 (1) $y=3x+8$ (2) $y=-4x-5$
(3) $y=-x+10$ (4) $y=\dfrac{1}{3}x$

考え方 グラフの傾きが a，切片が b である1次関数の式は，$y=ax+b$ と表される。

2 ▷答 （順に）(1) 3, $\dfrac{3}{2}$, 1, $y=\dfrac{3}{2}x+1$
(2) $\dfrac{2}{3}$, 点 $(0, 0)$, 0, $y=\dfrac{2}{3}x$
(3) $-\dfrac{5}{2}$, 点 $(0, -2)$, -2,
$y=-\dfrac{5}{2}x-2$

考え方 傾きは $\dfrac{y\ \text{の増加量}}{x\ \text{の増加量}}$ で求められる。

3 ▷答 (1) $y=\dfrac{1}{2}x-2$
(2) $y=-\dfrac{5}{2}x+5$
(3) $y=3x-3$ (4) $y=-\dfrac{3}{2}x-6$

考え方 直線の式を $y=ax+b$ とおき，傾きと切片を求める。
(1) 傾き $\dfrac{2}{4}=\dfrac{1}{2}$，切片 -2
(2) 傾き $-\dfrac{5}{2}$，切片 5
(3) 傾き $\dfrac{6}{2}=3$，切片 -3
(4) 傾き $-\dfrac{6}{4}=-\dfrac{3}{2}$，切片 -6

4 ▷答 (1) $y=4x-1$
(2) $y=-\dfrac{1}{2}x+1$
(3) $y=-\dfrac{3}{2}x-3$ (4) $y=x-3$

グラフより，傾きと切片を求める。傾きは x 座標，y 座標がともに整数値となる点から求める。

(1) 点 $(0，-1)$ から右へ 1，上へ 4 だけ進んだ点を通るから，傾きは
$\dfrac{4}{1}=4$ である。

(2) 点 $(0，1)$ から右へ 2，下へ 1 だけ進んだ点を通るから，傾きは
$\dfrac{-1}{2}=-\dfrac{1}{2}$ である。

(3) 点 $(0，-3)$ から右へ 2，下へ 3 だけ進んだ点を通るから，傾きは
$\dfrac{-3}{2}=-\dfrac{3}{2}$ である。

(4) 点 $(0，-3)$ から右へ 1，上へ 1 だけ進んだ点を通るから，傾きは 1 である。

47 1次関数の式の求め方② P.96-97

1 答（順に） $-2，-2，3，4，$
$y=-2x+4$

2 答 (1) $y=x+8$

(2) $y=-4x$　(3) $y=\dfrac{1}{3}x+2$

求める 1 次関数の式を $y=ax+b$ とおく。

(1) 傾きが 1 より，$y=x+b$ ……①
①に $x=-3，y=5$ を代入すると
$5=-3+b，b=8$

(2) 傾きが -4 より，
$y=-4x+b$ …①
①に $x=-2，y=8$ を代入すると
$8=-4\times(-2)+b，b=0$

(3) 傾きが $\dfrac{1}{3}$ より，
$y=\dfrac{1}{3}x+b$ …①
①に $x=6，y=4$ を代入すると
$4=\dfrac{1}{3}\times6+b，b=2$

3 答 (1) $y=3x+7$　(2) $y=-2x-1$

(3) $y=-5x$　(4) $y=-\dfrac{2}{3}x+\dfrac{8}{3}$

平行な 2 直線は傾きが等しい。

(1) $y=3x+b$ とおける。
$x=-1，y=4$ を代入すると
$4=-3+b，b=7$

(2) $y=-2x+b$ とおける。
$x=-3，y=5$ を代入すると
$5=-2\times(-3)+b，b=-1$

(3) 原点を通る直線は $b=0$

(4) $y=-\dfrac{2}{3}x+b$ とおける。
$x=1，y=2$ を代入すると
$2=-\dfrac{2}{3}\times1+b，b=\dfrac{8}{3}$

4 答 (1) $y=-\dfrac{1}{2}x+2$

(2) $y=-\dfrac{2}{3}x-2$

(3) $y=-\dfrac{3}{2}x+\dfrac{5}{2}$

(1) 切片が 2 より，$y=ax+2$ とおける。$x=4，y=0$ を代入すると
$0=4a+2，a=-\dfrac{1}{2}$

(2) y 軸と点 $(0，-2)$ で交わるから，切片は -2 で，$y=ax-2$ とおける。
$x=-3，y=0$ を代入すると
$0=-3a-2，a=-\dfrac{2}{3}$

(3) $y=-\dfrac{3}{2}x+b$ とおける。
$x=3，y=-2$ を代入すると
$-2=-\dfrac{3}{2}\times3+b，b=\dfrac{5}{2}$

48 1次関数の式の求め方③ P.98-99

1 答 (1) 2　(2) $y=2x+b$
(3) -1　(4) $y=2x-1$

(1) 2点の座標からグラフの傾きは
$\dfrac{-3-5}{-1-3}=2$

2 答 (1) $y=x+7$
(2) $y=-2x+12$

考え方

2点の座標からグラフの傾きを求めると，次のようになる。

(1) $\dfrac{10-6}{3-(-1)}=1$　(2) $\dfrac{6-2}{3-5}=-2$

よって，(1)は $y=x+b$，(2)は $y=-2x+b$ とおける。

または，$y=ax+b$ とおき，通る2点の座標の x，y の値を代入すると，次のようになる。

(1) $\begin{cases} 6=-a+b \\ 10=3a+b \end{cases}$　(2) $\begin{cases} 2=5a+b \\ 6=3a+b \end{cases}$

③ ⇒答 (1) $y=\dfrac{1}{3}x+\dfrac{5}{3}$

(2) $y=-3x+2$

考え方

②と同じようにして解く。

④ ⇒答 (1) $y=3x+2$　(2) $y=-x+6$

(3) $y=-\dfrac{1}{5}x+2$

考え方

(1) A$(0,\ 2)$ より，$y=ax+2$ とおける。この式に，$x=1$，$y=5$ を代入して a の値を求める。

(2) 傾きは $\dfrac{1-5}{5-1}=-1$ より，

$y=-x+b$ とおける。

B$(1,\ 5)$ の座標を代入すると，

$5=-1+b$，$b=6$

(3) A$(0,\ 2)$ より，$y=ax+2$ とおける。この式に，$x=5$，$y=1$ を代入して a の値を求める。

⑤ ⇒答 $y=\dfrac{1}{2}x+\dfrac{3}{2}$

考え方

2点 $(-3,\ 0)$，$(-1,\ 1)$ を通る直線の式を求める。

49 1次方程式とグラフ① P.100-101

① ⇒答 (順に)

(1) 4，3，2，1，0，-1

(2) $-x+4$，

$-\dfrac{1}{2}x+2$

(3),(4)　(右の図)

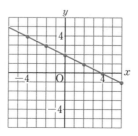

② ⇒答 (1)

$y=\dfrac{3}{4}x+2$

(2) $\dfrac{3}{4}$

(3) 2

(4)　(右の図)

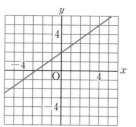

考え方

$y=ax+b$ の形に変形してグラフをかく。

③ ⇒答 (右の図)

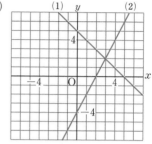

考え方

$y=ax+b$ の形に変形する。

(1) $y=-x+5$

(2) $y=2x-4$

④ ⇒答 (順に)　-2，3，-2，3

考え方

直線は2点が決まればかける。

⑤ ⇒答 (右の図)

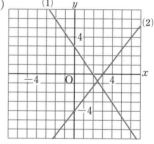

考え方

(1) $x=0$ とすると $y=3$

$y=0$ とすると $x=2$

したがって，グラフは2点 $(0,\ 3)$，$(2,\ 0)$ を通る直線。

(2) $x=0$ とすると $y=-4$

$y=0$ とすると $x=3$

したがって，グラフは2点 $(0,\ -4)$，$(3,\ 0)$ を通る直線。

50 1次方程式とグラフ② P.102-103

1 ⋛答 (順に) (1) 3, x
(2) -4, y

2 ⋛答
(1) $y=4$
(2) $x=1$
(3) $y=-2$
(4) $x=-3$
(5) $y=0$

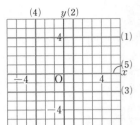

> **考え方** x 軸に平行な直線は $y=m$, y 軸に平行な直線は $x=n$ と表される。

3 ⋛答 (1) $y=2$　(2) $y=-3$
(3) $x=-4$　(4) $x=1$
(5) $y=0$

> **考え方** x 軸に平行な直線は y の値をみる。y 軸に平行な直線は x の値をみる。
> (5)は, x 軸と重なり, $y=0$

4 ⋛答 (右の図)

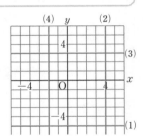

> **考え方** 式を変形して考える。
> (1) $y=-5$　(2) $x=4$
> (3) $y=3$　(4) $x=-2$

51 連立方程式とグラフ① P.104-105

1 ⋛答 (1)
$y=-x+4$
(2)
$y=2x-2$
(3) (右の図)
(4) 点(2, 2)
(5) $x=2$,
$y=2$

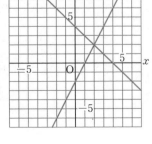

> **考え方** (5) ①－② $3x=6$, $x=2$
> これを①に代入すると
> $2+y=4$, $y=2$

2 ⋛答 (1), (2)
(右の図)
(3) 点(3, -1)
(4) $x=3$,
$y=-1$

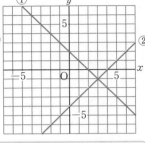

> **考え方**
> (1) $y=-x+2$ と変形してグラフをかく。または, $x=0$ や $y=0$ を代入して, 2点(0, 2), (2, 0)を通る直線と考えてもよい。
> (2) $y=x-4$ と変形してグラフをかく。または, $x=0$ や $y=0$ を代入して, 2点(0, -4), (4, 0)を通る直線と考えてもよい。
> (4) ①＋② $2x=6$, $x=3$
> これを①に代入すると
> $3+y=2$, $y=-1$

3 ⋛答 (1)
$x=1$,
$y=-2$

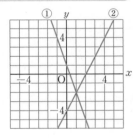

(2) $x=3$, $y=1$　(3) $x=3$, $y=0$

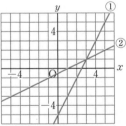 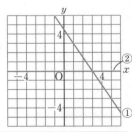

> **考え方** 上の式を①, 下の式を②とすると, グラフは上の図になる。グラフより交点の座標を読みとる。
> 実際に, 連立方程式を解いて, 答えを確かめてみよう。

1 ⋛答 (1) $x=2$, $y=-1$

(2) 点 $(2, -1)$

2 ⋛答 (1) 点 $(3, 4)$　　(2) 点 $(-2, 2)$

(3) 点 $\left(\dfrac{7}{2},\ 2\right)$

考え方

2つの直線の交点の座標は，直線を表す2つの式を連立方程式として解いて，解を求める。

(1) $\begin{cases} x-y=-1 & \cdots\cdots① \\ 3x+y=13 & \cdots\cdots② \end{cases}$

①＋② $4x=12$, $x=3$

これを①に代入すると $y=4$

よって，直線①，②の交点は点 $(3, 4)$ である。

(2) $\begin{cases} 3x-2y=-10 & \cdots\cdots① \\ x-2y=-6 & \cdots\cdots② \end{cases}$

①－② $2x=-4$, $x=-2$

これを①に代入すると $y=2$

よって，直線①，②の交点は点 $(-2, 2)$ である。

(3) $\begin{cases} 2x-y=5 & \cdots\cdots① \\ 3y=6 & \cdots\cdots② \end{cases}$

②より，$y=2$

これを①に代入すると $x=\dfrac{7}{2}$

よって，直線①，②の交点は 点 $\left(\dfrac{7}{2},\ 2\right)$ である。

---

3 ⋛答 (1) $y=-x+2$

(2) $y=3x+3$　　(3) 点 $\left(-\dfrac{1}{4},\ \dfrac{9}{4}\right)$

考え方

(3) 直線①，②の交点の座標はグラフから正確に読むことができない。

このようなときは，連立方程式を解いて，交点の座標を求める。

---

4 ⋛答 (1) $y=2x-1$

(2) $y=-\dfrac{2}{3}x+2$

(3) 点 $\left(\dfrac{9}{8},\ \dfrac{5}{4}\right)$　　(4) 点 $\left(\dfrac{1}{2},\ 0\right)$

(5) 点 $(0, -1)$

考え方

(1) 直線 ℓ は傾き 2 の直線だから，$y=2x+b$ とおける。これに $x=-1$, $y=-3$ を代入すると $b=-1$

(2) 直線 m は点 $(0, 2)$ を通るから，切片は 2 である。

$y=ax+2$ とおけるから，これに $x=3$, $y=0$ を代入すると

$0=3a+2$, $a=-\dfrac{2}{3}$

(3) $2x-1=-\dfrac{2}{3}x+2$ より $\dfrac{8}{3}x=3$

$x=\dfrac{9}{8}$, $y=2\times\dfrac{9}{8}-1=\dfrac{5}{4}$

(4) $0=2x-1$ より $x=\dfrac{1}{2}$

---

53 1次関数の応用 P.108-109

1 ⋛答 (1) プランA…$y=30x+1600$

プランB…$y=40x+980$

(2) 62分　　(3) プランB

通話時間が50分のときの 1 か月の電話代は，プランAよりプランBのほうが120円安くお得だから。

考え方

(2) 連立方程式 $\begin{cases} y=30x+1600 \\ y=40x+980 \end{cases}$ を解く。

(3) 通話時間が50分のときの 1 か月の電話代は，

プランAでは

$30\times50+1600=3100$（円）

プランBでは

$40\times50+980=2980$（円）

かかる。

---

2 ⋛答 (1) $y=800$　　(2) $0\leqq x\leqq15$

(3) $y=-80x+1200$

考え方

(1) $80\times5=400$（m），

$y=1200-400=800$

(2) $1200\div80=15$ より，学校まで歩いて行くのに15分かかる。

考え方

(3) はじめ，$x=0$ のとき $y=1200$
(1)より，$x=5$ のとき $y=800$
$y=ax+b$ とおいて，上の x，y の値を代入すると
$$\begin{cases} 1200=0+b \cdots\cdots① \\ 800=5a+b \cdots\cdots② \end{cases}$$
①より，$b=1200$
これを②に代入すると
$a=-80$

3 ⋛**答** (1) $y=16$　　(2) $y=8x$

(3) $y=24$

考え方

(1) AP$=4$ cm となるから
$$\frac{1}{2}\times4\times8=16\,(\text{cm}^2)$$
(2) $0\leqq x\leqq3$ のとき，点 P は辺 AB 上にある。$y=\dfrac{1}{2}\times2x\times8=8x$
(3) $3\leqq x\leqq7$ のとき，点 P は辺 BC 上にあり，△APD は，底辺と高さが一定になる。

4 ⋛**答** (1) $y=4x$　　(2) 1 時間

(3) 時速 3 km

考え方

(1) P さんは 2 時間で 8 km 進んでいる。
(2) P さんは出発してから，2 時間後から 3 時間後までの 1 時間休憩した。
(3) 2 点 $(3,\ 8)$，$(5,\ 14)$ を通る直線の傾きを求める。

1次関数のまとめ P.110-111

1 ⋛**答** (1) $y=-\dfrac{1}{3}x+6$

(2) 点$(18,\ 0)$　　(3) $\dfrac{36}{7}$

考え方

(2) $y=-\dfrac{1}{3}x+6$ に $y=0$ を代入すると
$$0=-\frac{1}{3}x+6,\ x=18$$
(3) 点 P の x 座標を k とすると，△AOP と△BPC の面積が等しいことから
$$\frac{1}{2}\times k\times5=\frac{1}{2}\times(18-k)\times2$$
$$5k=36-2k,\ k=\frac{36}{7}$$

---

2 ⋛**答** (1) $y=-2x+8$

(2) $-2k+8$　　(3) $\dfrac{24}{5}$ cm（4.8 cm）

考え方

(1) 切片が 8 だから，$y=ax+8$ とおいて，$x=4$，$y=0$ を代入する。
(2) $y=-2x+8$ に $x=k$ を代入する。
(3) 直線 AB の式は $y=x+8$ である。
点 R の y 座標 $-2k+8$ を代入すると $-2k+8=x+8$ より $x=-2k$
よって　SP$=k-(-2k)=3k$
QP$=$SP より　$-2k+8=3k$
これより　$k=\dfrac{8}{5}$
SP$=3\times\dfrac{8}{5}=\dfrac{24}{5}\,(\text{cm})$

3 ⋛**答** (1) $y=2x+2$

(2) $y=-x+8$

(3) （右の図）

(4) 2 分後

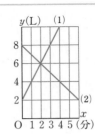

考え方

(3) x の変域は，$x\geqq0$ であることに注意する。
(4) 交点の x 座標を読みとる。

4 ⋛**答** (1) 分速 60 m　　(2) 分速 40 m

(3) 12 分後

考え方

(1)，(2)　速さ＝距離÷時間
1200 m の距離を A は 20 分，B は 30 分かかっている。
(3) 2 つの直線の交点の x 座標は，グラフからは読みとれないので，2 つの直線の式
$$\begin{cases} y=60x \\ y=-40x+1200 \end{cases}$$
を連立方程式として解いて求める。

2410R6